塑性加工導論

Introduction to Plastic Working

莊水旺 著

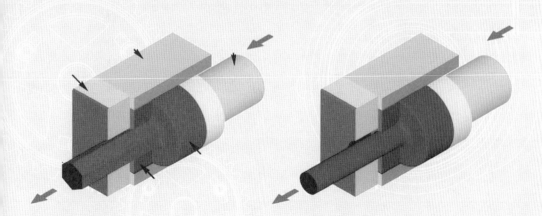

五南出版

序言

　　塑性加工係藉由塑性變形將金屬素材轉變成功能形狀的金屬產品加工法，亦可稱為金屬成形。現今的製造技術雖日新月異，但塑性加工因具有高品質、高效率及高效益的特點，故在工業中依然廣泛被應用。有鑑於此，本書以介紹各種塑性加工法的基本概念、設備、模具、製程及其特點等，使讀者能瞭解塑性加工的原理及性質，進而獲得塑性加工基礎能力。

　　本書內容包含三大部分，第一部分對於塑性加工進行概要介紹；第二部分再分別對鍛造加工、沖壓加工、抽拉加工、彎曲加工、輥軋加工、引伸加工及其他塑性加工技術進行詳細解說，內容包含各加工法之簡介、原理、特點、成形方法與種類、參數及模具；最後再針對加工時的工具及潤滑進行說明。

　　本書主要著重於塑性加工技術實務方面介紹，並避免過多的塑性力學理論及計算，除文字敘述外，更搭配大量圖表，使讀者易於瞭解塑性加工，適合剛入門的學生及工廠現場人員進行閱讀。

　　感謝教育部「產業先進設備人才培育計畫」於經費上的支持，使本書得於順利出版。另外感謝先進製造工程研究中心成員碩士生鄭仲淵、徐兆廷於資料蒐集和教材內容編撰的貢獻。

　　本書從資料蒐集、教材編撰至校稿耗費許多時間、人力及精神，但疏忽之處在所難免，深盼各界專家及讀者不吝批評與指教，使本書得以持續改進。

莊水旺

臺灣海洋大學機械與機電工程學系

shueiwan@mail.ntou.edu.tw

目　錄

7 其他塑性加工技術

8 工具與潤滑

1

塑性加工簡介

學 習 重 點

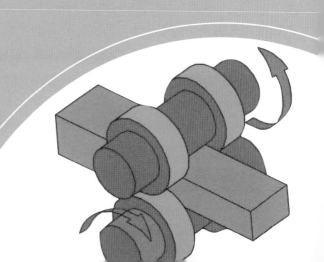

　　塑性加工法是藉著讓材料產生塑性變形，改變工件的幾何形狀，同時也改變材料機械性質的一種成形方法。塑性加工在機械製造程序中佔有很重要的地位，包括上游的半成品以及下游的零組件製造，是一種具經濟性的大量生產方法，在工業中的應用甚廣。

　　在日常生活中所用之塑性加工產品甚多，例如汽車、航空、飛機之零組件，小至家用電器產品、螺絲螺帽等，由此可知塑性加工在金屬製造業的重要地位。在下述的章節中，將針對塑性加工做詳細的介紹。

1.1　製造程序概論

　　製造（manufacturing）一字源自拉丁文 manu-factus，意即以手製作而成的成品。現今對製造一詞有更廣泛的定義，意指將原材料做成有需求性產品的各種程序。任何一件製造品均須經過一個或數個程序過程使其得以完成，而這一連續的程序過程，稱之為製造程序（manufacturing processes），如圖 1-1 所示。

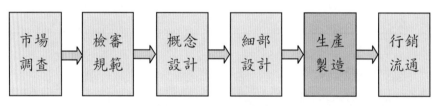

圖 1-1　產品製造程序

　　一個製造程序，即便是一個簡單產品之製造，也都必須考慮到很多因素。圖 1-2 表示一個產品的製造流程，例如一支手機之製造，必須先做市場調查，了解其是否符合消費者所需之功能性，若符合消費者需求，即可依據各國手機規範進行產品設計與製造，再推至市場行銷，這一連串的作業程序，稱之為產品製造程序。

　　以手機為例，其製造過程包含結構設計、材料選擇及決定最佳的製造方法，以符合消費者的需求。這一系列過程不只是要具備良好的設計與製造基礎，同時也需要透過經濟分析，達到成本最小化之市場目標。

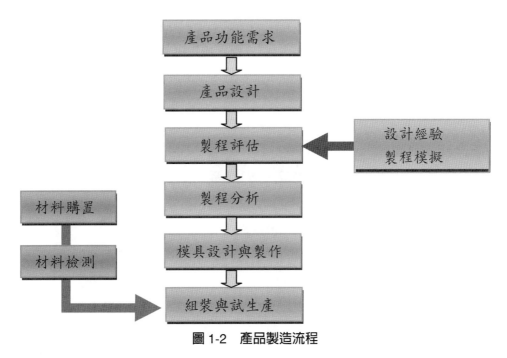

圖 1-2 產品製造流程

1.2 主要成形方式

　　機械製造是機械工業的基礎，更是一個國家發展與生存競爭的重要工具，機械製造技術乃是各種機械零組件的加工技術；為適應各種零組件不同的功能、形狀尺寸及材料等特性需求，各種機械製造方法不斷地被發展出來。

　　一般而言，大多數產品都有許多不同的生產方法，通常存在一種最符合經濟效益的生產方法；因此，一位優秀的機械工程師，必須了解生產方法的步驟和知識。圖 1-3 表示依其製造程序，約可將機械製造法分為五大類，即

　　1. 造形加工：將無形狀的原始材料加工成初步確定形狀，如鑄造、粉末冶金等。

　　2. 塑性加工：將金屬材料施加外力使其產生塑性和破壞的變形加工，如輥軋、鍛造等。

　　3. 切削加工：將金屬材料用切削刀具製造成各種幾何形狀，如車削、銑

3

削、放電加工等。

　　4. 接合加工：將各種零組件接結成一體，如銲接、螺紋扣接等。

　　5. 表面加工：將製品表面實施適宜的處理，使其成形或具備某種性質，如電鍍塗裝等。

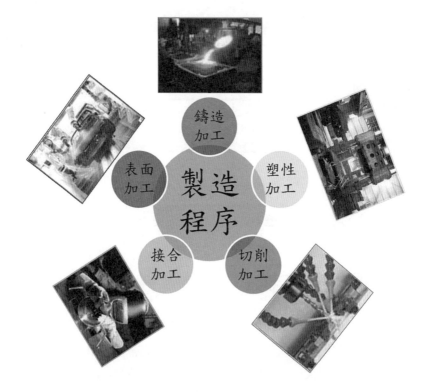

圖 1-3　製造程序的分類

　　而各種機械製造方法的優缺點比較，如圖 1-4 所示。

	塑性加工		粉末冶金	鍛造	切削	銲接
	熱間鍛造	鈑金成形				
優點	·成形容易 ·韌性佳 ·尺寸變化穩定 ·適合連續生產	·加工負荷較低 ·作業環境良好	·表面狀態佳 ·加工原料較少浪費	·成形自由度佳 ·適合大量生產	·良好表面狀態 ·機械及工具之泛用性最佳	·適合大型構件組立
缺點	·模具耗損快 ·無法製造複雜形狀 ·製造工藝繁瑣	·材料變形能力有限 ·產品剛性較不足	·壓粉技術限制 ·材料衝擊值較差 ·粉末之壓粉負荷受限制	·材料韌性、延性不足 ·產品品質較難掌握	·加工時間長 ·工具壽命成本稍高	·後續工程較多
適合性	單件之反覆作業及順序作業均適合	連續反覆、多工程及自動化均可	反覆作業及不需燒結之沖壓作業均適合	反覆作業及連續操作均適合	NC控制工具機之反覆作業亦適合	單件的、自動化反覆作業皆合適

圖1-4 各種機械製造方法之優缺點比較

　　每一種機械製造方法具有不同的特質,因此在加工前應加以評估選擇,例如製品形狀、材料特性、尺寸與表面粗糙度要求、產量多寡、技術要求、成本高低等,皆是應考慮的要項,如圖1-5所示。塑性加工係藉著塑性變形改變工件的幾何形狀,同時也增加零組件所需的機械性質。在機械製造領域中,各種塑性加工法均適合大量生產且具經濟性,在工業上的應用甚為廣泛。

零件性能要求
材料成形性
生產條件
生產批量
經濟合理性

圖 1-5 產品製程之選擇要素

1.3 塑性變形

在本章節簡單介紹一下塑性變形，對一條橡皮筋施加一小拉力時，橡皮筋隨之變長；而當此拉力去除後，橡皮筋會恢復到原始的長度。相反的，若對一條鐵絲施加過大拉力，在外在拉力去除後，鐵絲無法恢復到原來的形狀，而產生永久變形，此表示鐵絲已發生塑性變形。

在上述的橡皮筋例子，力與變形呈現可逆的性質，稱之為彈性變形（elastic deformation）；而外力施加在鐵絲上，產生永久性的變形，稱之為塑性變形（plastic deformation）。

圖 1-6 表示一般金屬材料在拉伸試驗下的荷重與伸長量之關係，若施加於金屬之拉伸應力（stress）在 Y 值以下，當外在拉力去除時，金屬材料將回復到原始的形狀，即回到 O 點的位置。若作用於材料之拉伸應力超過 Y 值，則去除外在負荷時，金屬材料無法完全恢復原始的形狀，此產生的永久變形現象即稱為塑性變形。

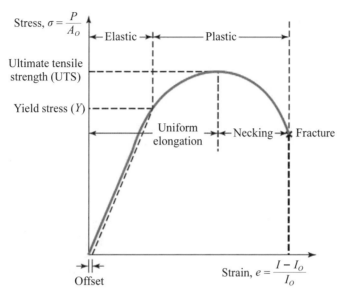

圖 1-6 拉伸試驗之工程應力與工程應變之關係

1.4 塑性加工定義

　　塑性加工係利用工具與模具，施加於材料上，使材料產生塑性變形，而成為所需的產品形狀。圖 1-7 表示產品成形使用之模具，通常由兩部分構成，其一為下模具（die），另一為沖頭或上模具（punch）。

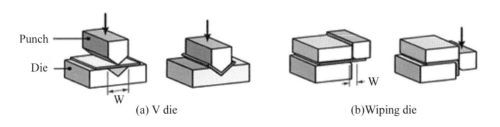

圖 1-7 產品成形使用之模具

　　塑性加工除了改變材料的外觀形狀外，若以較大的外力施加於材料上，材料將因受到外力作用，而使得材料的結晶組織獲得改善（如樹枝狀結構、偏析、氣孔等的消除），進而提升產品之機械性質。因此塑性加工的目的，除了將材料加工成所需的形狀外，亦可改善材料的機械性質。

　　金屬固態塑性成形法係指金屬材料在外力（如鍛、擠、拉、彎等）作用下，使其產生預期的塑性變形，進而獲得所需的產品形狀、尺寸和力學性能的加工方法。圖 1-8 表示塑性加工的主要加工方法，例如沖壓、鍛造、抽拉、輥軋等，用於生產不同要求的產品。

圖 1-8　塑性加工主要加工方法

　　圖 1-9 表示使用鍛造方法成形產品的加工處理步驟，包括加工前處理、成形、加工後處理三部分，依產品要求不同，其中所施予的步驟亦有所不同。

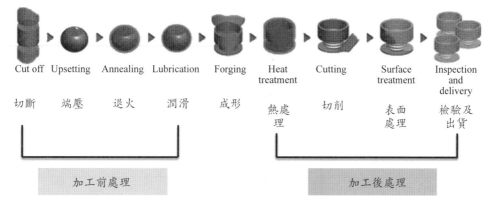

Cut off	Upsetting	Annealing	Lubrication	Forging	Heat treatment	Cutting	Surface treatment	Inspection and delivery
切斷	端壓	退火	潤滑	成形	熱處理	切削	表面處理	檢驗及出貨

加工前處理　　　　　　　　　　　　　加工後處理

圖 1-9　鍛造加工成形的步驟

　　金屬成形過程是一種質量不變的「固態成形」。在成形時僅改變固體材料原來的形狀，獲得預期的形狀和尺寸。因此，要實現金屬材料的固態成形。必須要有兩個基本條件：

1. 被加工成形的金屬材料需具備一定的塑性。
2. 要有外力作用於固態金屬材料上。

　　因此，金屬的固態成形受到內、外因素的限制，其中內在因素即為金屬本身能否進行固態形變和可形變的能力大小，而外在因素即需要多大的外力。另外，外界條件（如溫度等）對內外因素有相當大的影響，且成形過程中兩因素也相互影響。

　　綜合上述可知，在外力作用下產生塑性變形而不發生破壞的材料，都有進行質量不變的固態變形，例如延展性好的低碳鋼、中碳鋼和大多數輕金屬（鋁合金、鎂合金、鈦合金等），都可進行塑性加工成形，而鑄鐵、鑄鋁合金等脆性材料，塑性很差，一般不能或不適合進行塑性成形加工。

　　圖 1-10 表示塑性加工系統示意圖，在塑性加工的過程中，任何材料都是依賴模具加壓成形，進而產生塑性變形，而模具加壓成形的外力則由成形機器提供。在材料與模具之間的接觸面，需要塗上潤滑劑，達成材料成形後易脫模與潤滑之效果。

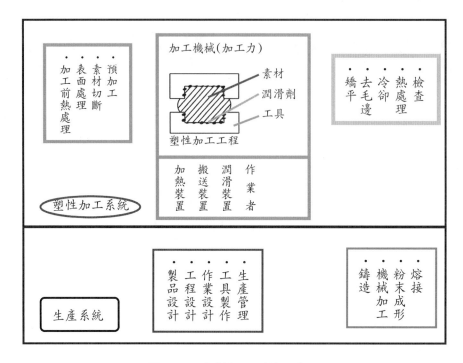

圖 1-10　塑性加工系統示意圖

　　一個完整的塑性加工系統，除了上述塑性加工工程外，還需要材料加工前的熱處理、表面處理、材料下料、預加工及材料加工後的整形、冷卻、熱處理、檢查等後續工程。

　　在塑性加工系統中，再加入工程設計、產品設計、作業設計、夾具設計等，即成為一個完整的製造系統。當然，製造系統中必須有一個生產管理之系統，以提高產品製造效率，並使產品穩定生產。

1.5　塑性加工的特色

　　塑性加工乃是利用成形機具產生強大外力（拉力、壓力、剪力、彎力等），經由模具傳至待加工的胚料，使其產生特定的應力，迫使胚料產生塑性變形，以獲得所預期的形狀與性質之製品的加工方法或技術。與其他加工方法比

較，塑性加工法具有以下的特點：

1. 組織與性能佳：金屬經塑性成形後，原有內部組織疏鬆孔隙、粗大晶粒與不均勻等缺陷將改善，可獲優異性能。

2. 材料利用率高：塑性加工乃經由金屬在塑性狀態的體積轉移而獲得所需外形，不但可獲得分佈合宜的流線結構，而且僅有少量的廢料產生。

3. 尺寸精度佳：不少塑性加工法已能達到淨形（net shape）或近淨形（near net shape）的要求，其尺寸精度也能達到應有的水準。

4. 生產效率高：隨著塑性加工機具的改進及自動化的提昇，各種塑性成形的生產率不斷提高，有益於大量生產的需求。

塑性加工擁有下述的優點：

1. 較佳的材料利用。

2. 節省製造工時。

3. 增進製品的品質。

4. 提高工件材料強度。

5. 設備操作簡單

6. 可進行大量生產。

而塑性加工的缺點則有：

1. 加工負荷甚高。

2. 工具設計製造不易。

3. 部份形狀無法製造。

4. 精度要求甚高較難達成。

1.6 塑性加工的分類

圖 1-11 列出依加工目的分類的各種塑性加工方法，其中輥軋（rolling）、擠製（extrusion）及引伸（drawing）加工，主要應用在板、棒或線材等素材上之製造。開模鍛造（free forging）、閉模鍛造（die forging）、旋轉鍛造（rotary forging）等加工，主要作為塊狀物體之成形加工。深引伸（deep drawing）、

主要用途	加工方法	式樣代表	各種之式樣			
塊狀成形	開模鍛造	鍛頭	開模鍛造		部分壓縮	旋鍛
	閉模鍛造	壓縮模鍛造	後擠鍛造	前擠鍛造		壓印
	軋鍛					
	粉末成形	粉末加壓	液壓成形			

主要用途	加工方法	式樣代表	各種之式樣		
分割	分割加工	剪斷	修整	刀片切斷	刮刨
接合	鍛接加工	鍛接		輥鍛接合	折縫
整形	矯平加工	輥平	拉伸矯平	軋平凸紋	加熱矯平
表面加工	表面加工	輥平加工	珠擊	去氧化模	

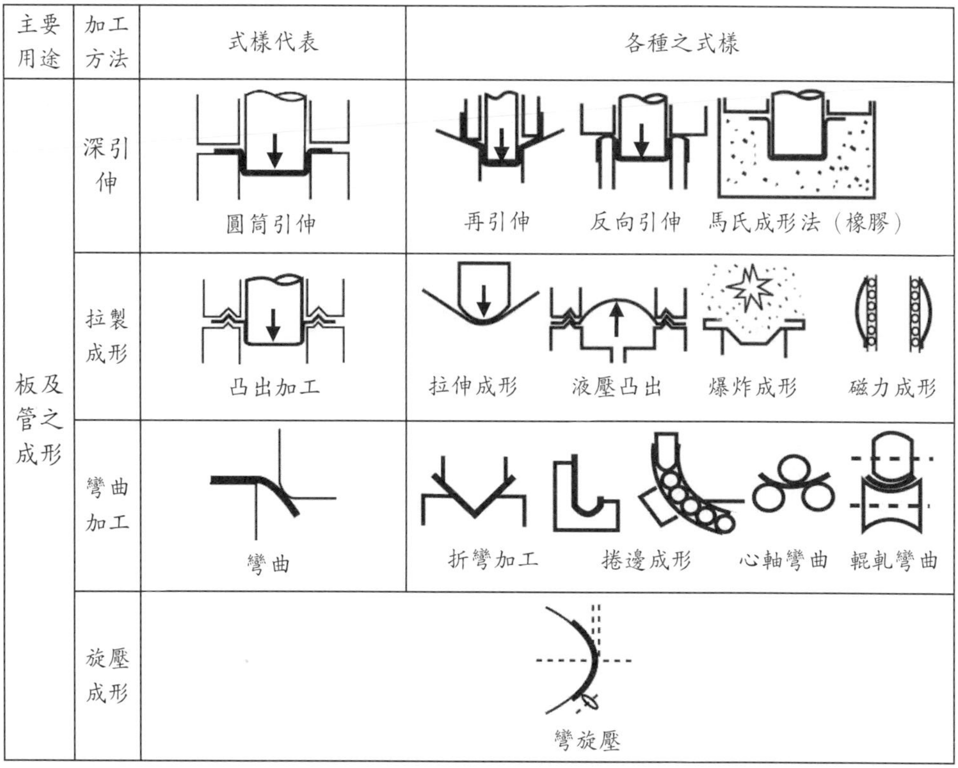

主要用途	加工方法	式樣代表	各種之式樣
板及管之成形	深引伸	圓筒引伸	再引伸　　反向引伸　　馬氏成形法（橡膠）
	拉製成形	凸出加工	拉伸成形　　液壓凸出　　爆炸成形　　磁力成形
	彎曲加工	彎曲	折彎加工　　捲邊成形　　心軸彎曲　　輥軋彎曲
	旋壓成形		彎旋壓

圖 1-11　塑性加工之種類

鼓脹（bulging）、彎曲（bending）、旋壓（spinning）等加工，主要應用於板與管之成形加工。剪斷加工（shearing）是分離加工中的一種切削加工方法。還有壓接加工（bonding）是屬於熔接範圍中的一種塑性加工方法。

依加工溫度分類，塑性加工可分為熱作（hot working）、溫作（warm working）和冷作（cold working）三種。將金屬加熱至某一溫度以上，金屬原有的晶粒消失，新結晶粒形成，這種現象謂之再結晶（recrystallization）。金屬發生再結晶的溫度隨著冷加工量增加而減低，當加工量達到某種程度後，此一溫度趨於一定值，此一定值的溫度即稱為再結晶溫度（recrystallization temperature），表 1-1 列出數種金屬之再結晶溫度。通常，當材料的工作溫度高於再結晶溫度的塑性加工，謂之熱加工（或稱熱作）；而工作溫度低於材料再結

晶溫度的塑性加工，謂之冷加工（或稱冷作）。或者，材料的變形溫度在 $0.6<T/T_m$，謂之熱間加工，其中 T_m 表示材料的絕對熔點溫度（°K 或 °R）；材料的變形溫度介於 $0.3< T/T_m <0.5$，謂之溫間加工；至於材料的變形溫度在 $0.3<T/T_m$，謂之冷間加工。表 1-2 為熱加工與冷加工之比較。

表 1-1 數種金屬之再結晶溫度

金屬	再結晶溫度（°C）
鎢	1210
鉬	905
鎳	600
鐵	450
金	200
銀	200
銅	200
鋁	150
鎂	150

表 1-2 熱加工與冷加工之比較

項目 \ 加工	熱作	冷作
溫度	再結溫度以上	再結溫度以下
加工能量	需較小	需較大
塑性能力	大	小
尺寸精度	較低	較高
外觀	較粗糙	較光平
加工變形範圍	較廣	受限制
加工製程	需要多	較少
加熱設備	需要	不需要

項目 ＼ 加工	熱作	冷作
強度	稍降	增加
加工硬化	無	有

　　圖 1-12 表示依素材形狀分類的塑性加工方法，在塊體成形時，胚料承受較大的變形，使胚料的形狀或斷面及表面積與體積發生顯著的變化，因產生較大的塑性變形，成形後彈性回復量極為微小，輥軋、鍛造、擠伸、抽拉即屬此類塑性加工法。薄板成形時，胚料的形狀發生顯著的變化，但其斷面形狀基本上是不變，而且彈性變形在總變形中所占比例較大，因此成形後會發生明顯的彈性回復或彈回現象，典型的薄板成形即稱為沖壓加工。

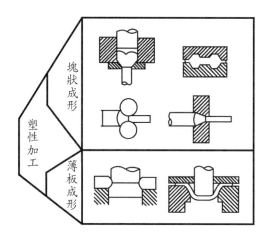

圖 1-12　塑性加工種類

　　若依成形階段分類，塑性加工方法分為初步成形或稱一次成形與二次成形，如圖 1-13 所示。一次成形加工係指製造板、棒、線、管或型材等形狀較為簡單者，且可供後續加工用的塑性加工；而二次成形則指利用一次成形加工所製得之素材，製成更複雜形狀製品的塑性加工法。

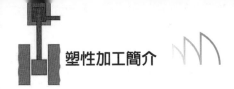
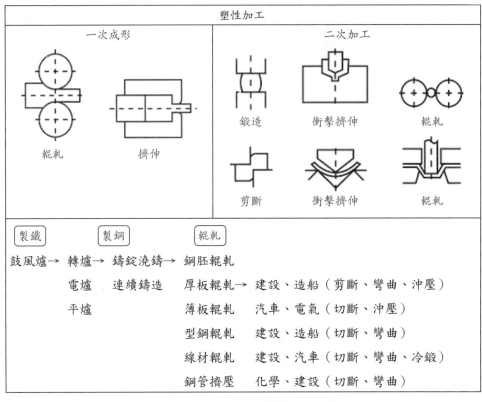

圖 1-13　一次與二次塑性加工成形

　　若依成形過程與時間的關係分類，塑性加工方法分爲穩態與非穩態製程，如圖 1-14 所示。當材料於塑性變形過程中，工件的形狀不斷的改變，稱之爲非穩態製程，譬如鍛造等製程。反之，胚料在塑性變形區具有相同的流動模式，並不隨時間變化而改變的塑性加工法，稱之爲穩態製程加工，譬如輥軋、抽拉等加工。

　　若依材料受力的應力狀態分類，塑性加工方法分爲壓縮成形與拉伸成形。當材料受到單軸向或多軸向之壓縮應力而產生塑性變形，謂之爲壓縮成形，例如鍛造、擠製、輥軋、普通旋壓等，如圖 1-15 所示。若材料受到單軸向或多軸向之拉伸應力而產生塑性變形，謂之爲拉伸成形，例如擴管、伸展成形等，如圖 1-16 所示。

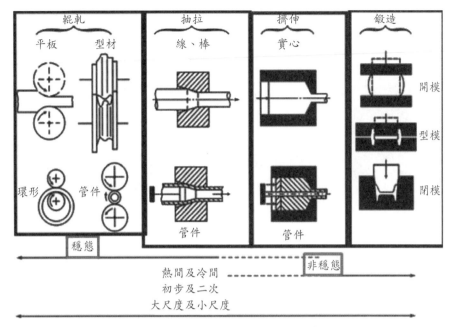

圖 1-14 穩態與非穩態塑性加工成形

模式	製程	
壓縮	鍛粗 (upsetting)	
	擠伸 (extrusion)	
	輥軋 (rolling)	
	旋壓 (傳統) (spinning)	

圖 1-15 壓縮成形塑性加工

模式	製程	
拉伸	鼓脹 (bulging)	
	伸展成形 (stretching)	

圖 1-16　拉伸成形塑性加工

　　材料若受到單軸向或多軸向之複合拉伸與壓縮應力而產生塑性變形，謂之為拉伸壓縮成形，例如抽線、深引伸、引縮加工等，如圖 1-17 所示。當材料受到彎曲應力而產生塑性變形，謂之為彎曲成形，例如板料彎曲加工等。材料受到剪應力而產生塑性變形，謂之為剪力成形，例如剪切旋壓等。材料受到扭力作用而產生塑性變形，謂之為扭力成形，例如扭轉成形等，如圖 1-18 所示。

模式	製程	
拉伸及壓縮	抽線 (wire drawing)	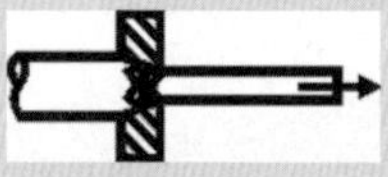
	深引伸 (deep drawing)	
	引縮 (ironing)	

圖 1-17　伸縮與壓縮成形塑性加工

模式	製程	
剪力	剪切旋壓 (shear spinning)	
	剪切壓製 (shear forming)	
扭力	扭轉成形 (torsion forming)	

圖 1-18　剪力或扭力塑性加工

1.7　製程變數與控制

塑性加工的主要製程變數歸納為七大類，即胚料、模具、模具與工件介面、變形區、成形設備、製品、工廠與環境，如圖 1-19 所示之塑性加工製程系統。

1. 胚料：塑流應力、可塑性、表面特性、熱與物理性質、初始特性等。

2. 模具：模具幾何形狀、表面狀況、材料、熱處理及硬度、溫度、剛性及準確度等。

3. 模具與工件介面狀況：潤滑劑形式及溫度、界面層的絕熱及冷卻特性、摩擦剪應力、與潤滑劑施加與除去相關的特性。

4. 塑性變形區：變形力學、分析模式、金屬流動速度、應變率及應變、應力、溫度（熱產生與熱傳導）等。

5. 成形設備：速度（生產速度）、力量與能量大小、剛性及準確度等。

6. 產品：幾何形狀、尺寸精確度、表面精度、顯微組織、機械性質及冶金性質等。

7. 工廠與環境：人力與組織、工廠與生產設備及管制、空氣、噪音及廢水污染等。

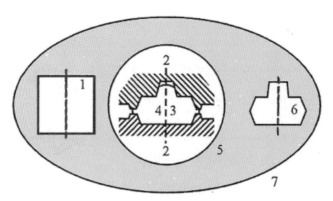

圖 1-19　塑性加工製程系統

　　為改善塑性加工品質及確保完善之製程控制，利用系統化方法發展塑性加工製程有其必要性。圖 1-20 表示塑性加工製程的系統模式，此系統之核心主要是由模具與工件交互作用之幾何與運動所建構，製程核心亦與其它製程參數（包含材料、磨潤、工具、力學解析、工具機、自動化）交互作用，以提高品質、生產力、彈性及經濟效益的進展。

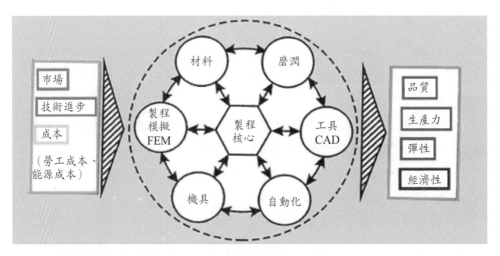

圖 1-20　塑性加工製程的系統模式

通常預測及控制製程變數的方法有三種，即經驗（experience）、實驗（experiment）和模擬（simulation），如圖 1-21 所示。經驗方法所須耗時較長，且限定在所接觸過的特定材料、機具及產品；而實驗方法耗時又費錢，且實驗需注意實際生產情況的差異；至於模擬方法兼具理論與實務的優點，目前利用有限元素法等數值解析法，進行電腦模擬之應用已日漸普遍。

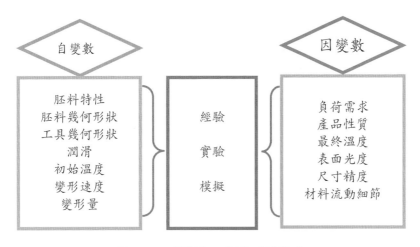

圖 1-21　塑性加工製程系統模式

1.8　塑性加工產品特徵

第二次世界大戰戰後，各國急於恢復其社會經濟環境，致力於發展各種快速生產之製造技術，尤其是塑性加工技術受到相當重視。表 1-3 列出鑄造、塑性加工和切削加工等三種成形方法的比較，可清楚發現塑性加工的經濟效益較高，雖然在形狀自由度、尺寸精度與表面狀態，塑性加工法並非最佳，但在良品率與生產速度均優於其他二種加工方法。

表 1-3　加工法比較

	傳統鑄造	塑性加工	切削加工
尺寸精度	3	2	1
表面粗糙度	3	2	1
形狀自由度	1	2	1
材料不良率	2	1	3
生產速度	3	1	2

註：1. 好 2. 適中 3. 差

　　圖 1-22 表示各種塑性加工方法，其加工工件的表面粗糙度範圍，從圖中可發現某些塑性加工法，亦可以加工出與切削加工一樣品質的產品。

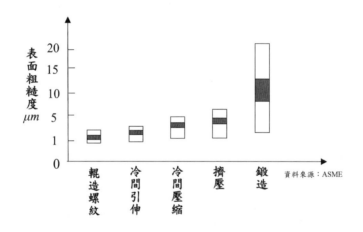

圖 1-22　各種塑性加工法之表面粗糙度範圍

1.9　應力─應變曲線

　　材料受到外力作用時，將自然改變其形狀及尺寸，此種改變稱之為變形（deformation）。變形可分為彈性變形和塑性變形，當材料受到外力作用發生變形，隨之將此施加外力移除，材料可完全恢復其原來形狀者，稱之為彈性變

形（elastic deformation）；反之，如果外力去除後，無法完全恢復至原來的形狀者，謂之塑性變形。

　　金屬材料的拉伸變形過程可分成三個階段，即彈性變形、頸縮、與斷裂等，如圖 1-23 所示。在金屬拉伸之工程應力——應變曲線中，第一個特徵點是降伏點（Y），它是彈性變形與均勻塑性變形的分界點，此點的應力即為降伏強度；第二個特徵點是該曲線上的最高點（UTS），這時負荷達到最大值，其對應的工程應力稱之為抗拉強度或最終拉伸強度（ultimate tension strength，UTS）；曲線上的第三個特徵點為破斷點，此時試件發生斷裂，其為單向拉伸塑性變形的終點。

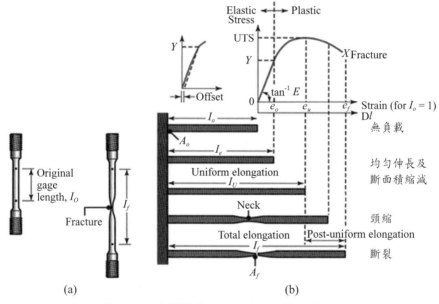

圖 1-23　金屬拉伸之工程應力－應變曲線

　　藉由金屬拉伸工程應力——應變曲線，可獲得下述重要資料，分別說明如下：

　　1. 比例限與彈性限：如圖 1-23 所示，當外加應力不超過 Y 時，其應力（σ）與應變（ε）成直線比例關係，即滿足虎克定律（Hooke's Law）：

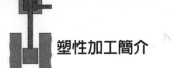

$$\sigma = E\varepsilon$$

2. 降伏點與降伏強度：有些材料具有明顯的降伏現象，而有些材料的降伏點並不具明顯。當外加應力超過彈性限後，如繼續對試片施加荷重，當到達某一值時，應力突然下降，此應力即爲降伏強度（Y），可被定義爲在材料產生降伏時的拉力（P）與原截面積（A_0）之比值，即：

$$Y = \frac{P}{A_0}$$

3. 最大抗拉強度與破斷強度：材料經過降伏現象後，繼續施予應力，此時產生應變硬化（或加工硬化）現象，材料的強度將隨外加應力增加而上升。當應力到達最高點時的施予外力（P_{max}），即爲材料之最大抗拉強度（UTS）。最大抗拉強度可定義爲：

$$UTS = \frac{P_{max}}{A_0}$$

對脆性材料而言，最大抗拉強度爲重要的機械性質；但對於延性材料而言，最大抗拉強度值並不常用於工業設計上，因爲在到達此值之前，材料已經發生很大的塑性變形。

4. 試片經過最大抗拉強度之後，其局部變形開始產生頸縮現象（necking），爾後進一步應變所需之工程應力開始減少，伸長部分也集中於頸縮區。試片繼續受到拉伸應力而伸長，直到產生破斷，此應力即爲材料之破斷強度（breaking strength）。破斷強度（F）可定義爲破斷時之負荷（P_f）和原截面積（A_0）之比值，即：

$$F = \frac{P_f}{A_0}$$

5. 延展性：試片之延展性可以伸長率或斷面縮率表示之，試片之伸長率爲

$$伸長率 = \left(\frac{L_f - L_0}{L_0}\right) \times 100\%$$

其中 L_0 和 L_f 分別爲表示爲材料在試驗前之原長度與破斷時之長度。除了伸長率可表示材料之延展性外，斷面縮率也可表示材料之延展性，即

$$斷面縮率 = \left(\frac{A_0 - A_f}{A_0}\right) \times 100\%$$

其中 A_0 及 A_f 分別表示爲試驗前及破斷時試片的斷面積。

6. 工程應力是拉伸試片所受之外力 P 除以它的原始斷面積 A_0，然而在試驗過程，試片的斷面積是隨外力作用，呈現連續的變化。在試驗過程中，當試片發生頸縮後，工程應力隨應變的增加而下降，使工程應力—應變曲線上出現最大工程應力。相對於工程應力—應變曲線，眞實應力—應變曲線係以瞬間的試片斷面積決定其應力值，因此眞實應力—應變曲線是呈直線上升。當試驗中發生頸縮現象時，眞應力值即大於工程應力值，如圖 1-24 所示。

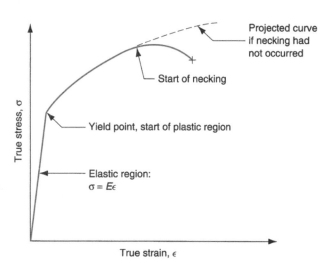

圖 1-24　眞實應力—應變曲線與工程應力——應變曲線之比較

1.10　金屬的基本特質

　　金屬是由原子所構成，且在固體狀態時皆為結晶體（crystal），所謂結晶體係指構成物體之原子或分子，在物體內具有一定規則的排列型態，而這種規則的原子排列，稱之為空間格子（space lattice）或結晶格子（crystal lattice），不同的結晶格子就形成不同特性的金屬材料。結晶格子種類很多，但約有百分之七十的金屬元素都是屬於面心立方格子（face-centered cubic lattice，FCC）、體心立方格子（body-centered cubic lattice，BCC）或六方密格子（close-packed hexagonal lattice，HPC）的金屬結晶型態。

　　金屬結晶內部並非完美無缺，常存在一些缺陷（defect），進而影響金屬特性，如圖 1-25 所示。金屬材料的缺陷可分為下列幾種：

1. 點缺陷（Point defect），如空孔、不純原子等。

2. 線缺陷（Line defect），如差排。

3. 面缺陷（Interfacial defect），如晶界面。

　　在上述的三種缺陷中，有些缺陷扮演影響金屬塑性變形之重要因素，例如差排或空孔等；而有些缺陷會造成金屬變形的阻滯作用，例如晶界面在常溫狀態下會阻礙結晶滑動，但在高溫下晶界面產生差排，有助於塑性變形，並產生潛變不純原子等。

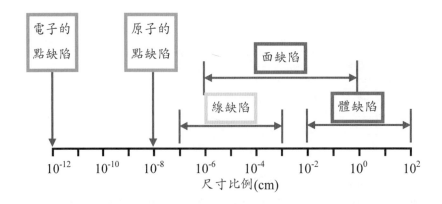

圖 1-25　料缺陷形式

金屬材料之所以能產生塑性變形，主要之因素乃是材料產生差排，即線缺陷，差排的產生主要是金屬在機械加工時的塑性變形有關；亦即金屬塑性變形量愈大，差排也就愈多。依差排形式可區分下列幾種：

- 刃狀差排（edge dislocation）：晶體移動方向與剪應力方向平行，宛如蠕動作用。

- 螺旋差排（screw dislocation）：晶體移動方向垂直於剪應力方向，宛如扭動作用。

- 混合型差排：兩種差排型式同時存在的差排作用，稱之為混合型差排。

圖 1-26 表示刃狀差排的幾何外形，其位於像刀刃半平面之終界⊥的記號處。當施加剪應力於金屬材料時，原子的重新排列伴隨著一個刃狀差排的移動。在圖 1-26(a) 中標示「A」半個平面多出的原子，因差排作用向右移動一個原子距離，使「A」半個平面的原子與「B」半個平面的下半部原子連結，如圖 1-26(b) 所示；如此一 ，「B」上半個平面的原子即因蠕動作用而變成多出的半個平面。由於剪應力持續的作用，使得這種蠕動作用繼續向右移動，最後多出的半個平面原子，即使晶體表面形成一階段差，如圖 1-26(c) 所示。

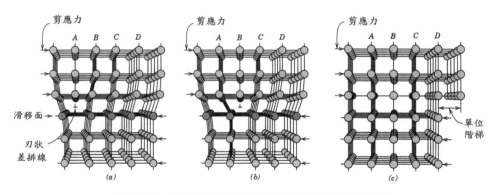

圖 1-26　刃狀差排受剪應力作用形成之幾何外形

螺旋差排線的命名，即源於此種差排線被外圍螺旋狀的晶面所包圍。由於差排線旁邊的原子位置有些微的扭曲，因此差排比其他無缺陷的基地含有較高的能量。金屬塑性加工時，即外界對金屬作功，功轉變為能量，大部分能量以摩擦熱

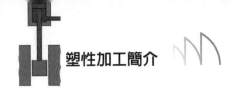

或聲音消耗掉，約有 20% 的能量即以差排線的衍生來儲存能量。

1.11　塑性成形的過程

　　塑性變形是指當施加至金屬材料外力持續增加，當其內應力達到或超過該金屬的降伏極限後，金屬所產生的變形。此時停止外力作用，金屬的變形並不消失，這種變形稱爲塑性變形。

　　圖 1-27 表示單晶體在剪應力作用下的變形過程，在單晶體未受到外力作用時，原子處於平衡位置（圖 1-27a）。當施加的剪應力較小時，晶格僅發生彈性歪扭（圖 1-27b），若去除外力，則剪應力消失，晶格彈性歪扭也隨之消失，晶體恢復到原始狀態，即產生彈性變形。若剪應力繼續增大至超過原子間的結合力，則在某個晶面兩側的原子即發生相對滑移，滑移的距離爲原子間距的整數倍（圖 1-27c），如果使剪應力消失，晶格歪扭可以恢復，但已經滑移的原子則無法回復到變形前的位置，即產生塑性變形（圖 1-27d）。如果繼續增加剪應力，其他晶面上的原子也產生滑移，從而使晶體塑性變形繼續下去，當許多晶面上都發生滑移後，即形成單晶體的整體塑性變形。

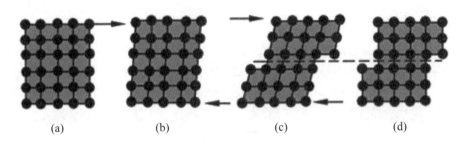

(a)　　　　　　(b)　　　　　　(c)　　　　　　(d)

圖 1-27　單晶體的變形過程

　　多晶體是由許多微小的單晶體所組合而成，在組織結構上具有下列特點：(1) 多晶體的各晶體的形狀和大小各都相同；(2) 相鄰晶粒也不相同；(3) 多晶體中晶界處原子排列非常亂，且聚集雜質。圖 1-28 清楚顯示組成多晶體的許多單個晶

粒的內部產生變形，同時晶粒間也產生滑移和晶粒轉動的綜合效果。

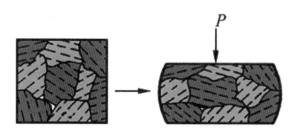

圖 1-28　多晶體塑性變形示意圖

1.12　塑性成形的種類

　　金屬於不同溫度下進行塑性變形，其所獲得的金相組織與性能皆不相同，如前所述，依塑性成形的溫度不同，金屬塑性變形可分為三類，即

　　1. 冷間變形：冷間變形係指金屬材料在常溫附近進行塑性加工，加工後的金屬材料會有加工硬化的現象，但不會發生再結晶的一種變形。

　　2. 熱間變形：熱間變形係指金屬材料在再結晶溫度以上進行塑性加工，加工後的金屬材料雖然沒有加工硬化發生，但會發生再結晶（軟化）的變形。

　　3. 溫間變形：溫間變形係指金屬材料在介於再結晶溫度與常溫之間進行塑性加工，加工後的金屬材料不僅有加工硬化的現象，且有些微再結晶現象，兼具加工硬化與軟化的作用，但以硬化較具優勢。

1.12.1　冷間塑性成形之影響

　　金屬在外力作用下產生塑性變形時，隨著金屬外形被拉長（或壓扁），其晶粒也相對地被拉長。當變形量很大時，各晶粒會被拉長成為細條狀或纖維狀，晶界模糊不清，這種組織稱為纖維組織，如圖 1-29 所示。形成纖維組織後，金屬性能呈現明顯的方向性，例如縱向（沿纖維組織方向）的強度和塑性較橫向（垂直於纖維組織方向）高出許多。

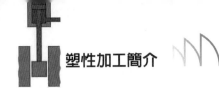
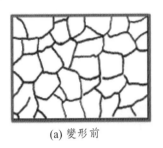
(a) 變形前

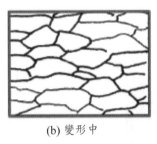
(b) 變形中

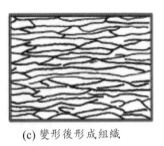
(c) 變形後形成組織

圖 1-29　冷間變形前後晶粒形狀的變化

　　冷間變形後之材料，其組織結構主要反應是加工硬化，隨著變形增加，加工硬化也較明顯。金屬材料在再結晶溫度以下進行塑性變形時，強度和硬度隨之升高，但其塑性和韌性出現降低的現象，又稱冷作硬化。

　　在變形量不大時，在變形晶粒的晶界附近出現差排的堆積，隨著變形量增加，晶粒破碎成為細碎的亞晶粒；變形量越大，晶粒破碎越嚴重，亞晶界越多，差排密度越大。在亞晶界處大量堆積的差排及其相互間的干擾，會阻礙差排的運動，使金屬塑性變形抵抗能力增大，強度和硬度亦出現顯著地提高。圖 1-30 表示純銅冷軋變形度對力學性能的影響。

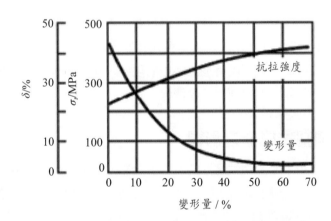

圖 1-30　純銅冷軋變形度對力學性能的影響

　　冷間變形強化（加工硬化）在產品生產具有重要的應用價值，可利用冷間變

形強化的特性，使金屬材料提高其強度、硬度和耐磨性，尤其是不能使用熱處理方法提高強度的金屬更爲重要。例如：使用冷擠壓、冷軋等方法，可大幅提高鋼材和其他材料的強度和硬度。

金屬材料經冷間塑性變形，其加工硬化會隨著變形程度增加與累積，可能使金屬的完整性受到破壞，或因機械設備性能的限制而無法繼續進行加工。爲使金屬材料得於繼續進行冷間變形，材料必須進行中間退火。在中間退火加熱過程中，隨著時間的拉長，金屬的內部組織發生回復、再結晶和晶粒成長等三個階段，如圖 1-31 所示。

圖 1-31 中的第一階段爲回復期（即 $0 \sim t_1$），在這段時間內，金屬顯微組織幾乎無任何變化，晶粒仍維持冷間加工後之形狀；第二階段爲再結晶期（即 $t_1 \sim t_2$），開始時，晶粒內部開始有新的小晶粒產生，隨著時間的增長，新晶粒不斷增加與變大，此過程一直進行至塑性加工後的晶粒完全改變爲新的等軸晶粒爲止；第三階段稱爲晶粒成長期（即 $t_2 \sim t_3$），新的晶粒逐步相互吞併而長大，直到 t_3 時，晶粒長大到一個較爲穩定的大小。

若固定持溫時間，使加熱溫度由低溫逐步升高時，也可得到與上述情況相似的三個階段，溫度由 $0 \sim T_1$ 屬於回復期，而 $T_1 \sim T_2$ 爲再結晶期，最後 $T_2 \sim T_3$ 則爲晶粒成長期。

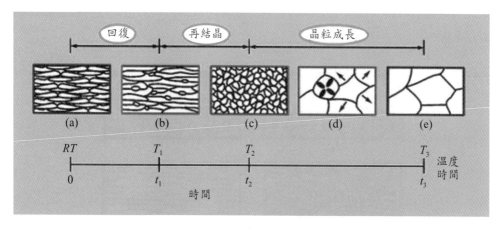

圖 1-31 加熱冷間加工金屬之組織回復、再結晶及晶粒成長過程

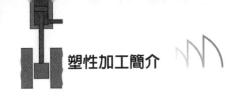

1.12.2 　熱間塑性成形之影響

　　金屬材料經熱間塑性變形後，其內部組織的軟化過程受加工溫度、應變速率、變形程度的影響。當金屬變形程度較小而變形溫度較高時，由於再結晶和晶粒成長過程較佔優勢，使得金屬的晶粒變得越來越粗大，雖然不致引起金屬斷裂，但也會使金屬的性能產生惡化。晶粒大小對金屬材料的機械性質影響巨大，金屬材料的內部組織之晶粒越細小且均勻，金屬材料的強度、韌性也將越好。

　　反之，當變形程度大而加熱溫度較低時，由於加工引起的硬化程度較大，隨著熱間加工過程的進行，金屬的強度和硬度隨之上升，但延性卻慢慢下降，金屬內部組織的結晶格子產生的畸變無法完全恢復，變形阻力越來越大，金屬材料可能產生斷裂。

　　在熱間塑性變形時，當變形程度大且溫度較高時，再結晶的晶粒會互相吞併且成長。另熱間變形時的變形不均勻，會導致再結晶的晶粒大小不均勻，特別是在變形程度過小的區域，再結晶後的晶粒會出現粗大的現象。

　　金屬材料經熱間塑性變形時，在鑄錠中的粗大樹狀晶粒和各種夾雜物也會沿加工方向拉長，使得樹狀晶粒間聚集的雜質和非金屬夾雜物的方向逐漸與加工方向一致。在巨觀上，沿著材料變形方向變成一條條的流線，即為纖維組織，如圖1-32所示。纖維組織的出現，將使鋼材料的機械性質呈現異向性，沿著流線方向的機械性質較高，而垂直於流線方向的性質則較低，特別是延性和韌性之表現更為明顯。

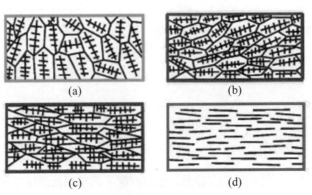

(a)　　　　　　　　　　(b)

(c)　　　　　　　　　　(d)

圖 1-32　鍛造過程中之纖維組織形成

1.13　影響金屬材料塑性之因素

影響金屬材料塑性的因素可分為內在因素和外在因素兩種，其中內在因素又可分為材料的組織結構和其化學成分；而變形的外在因素包含變形溫度、變形速度、應力狀態、變形均勻性等，如圖 1-33 所示。針對影響金屬材料塑性的因素分別說明如下。

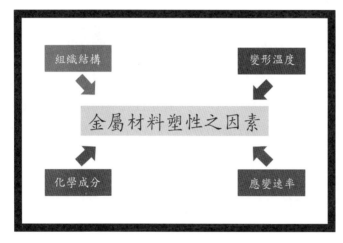

圖 1-33　影響金屬材料可塑性之因素

1. 組織結構：不同的金屬晶體結構，其塑性也不盡相同。面心與體心立方體的塑性較好，而密排六方的滑移系統較少，塑性較差。純金屬和合金比較，一般純金屬有較好的塑性；單相合金與多相合金材料比較，單相合金材料的塑性比多相合金材料有較好的塑性。晶粒細小且組織均勻比晶粒粗大但組織不均勻的塑性較好。

2. 化學成分：金屬材料的化學成分不同，其塑性也不相同。純金屬有良好的塑性與具備較佳的低溫阻力，而碳化物之塑性較差。金屬材料的晶粒大小、分佈與雜質分佈都不盡相同，都會影響金屬可塑性。

3. 變形溫度：一般而言，溫度升高可改善金屬材料的塑性，因為溫度升高，熱激活作用增強，差排的活動性能提高，同時溫度升高也可能出現新的滑移

系統，使擴散塑性變形的機制同時起作用，進而使塑性變形容易進行。溫度升高有利於回復和再結晶軟化過程的發展，使變形過程造成的破壞和缺陷修復，從而提高金屬材料的塑性。

4. 應變速率：應變速率對塑性的影響比較複雜，應變速率增加，若差排運動沒有足夠的時間，不利於差排的合併與重排、回復和再結晶的進行、及變形過程中形成的內裂修復，導致加工硬化加劇。

1.14 提高金屬材料可塑性的機制

金屬材料的可塑性可藉著下述幾種方法予以提升，分別敘述於後。

1. 提高材料成分和組織的均勻性：在塑性變形前進行高溫擴散退火，鑄胚的化學成分和組織可獲得均勻化的效用，因而提高材料的可塑性。例如鎂合金進行高溫均勻化處理後，容許的壓縮變形程度可由 45% 提高到 75% 以上。必須注意的是，高溫均勻化處理的生產週期長且耗費大，可考慮延長鍛造加熱時的出爐保溫時間，缺點是降低生產率，且可能衍生晶粒粗大的疑慮。

2. 變形溫度和應變速率：加熱溫度過高，愈容易使晶界處的低熔點物質熔化，但晶粒也可能有出現過度粗大的危險。若變形溫度過低，則回復與再結晶過程不能充分進行，加工硬化嚴重，將促使金屬的塑性降低，導致工件的破裂。對於具有速度敏感性的材料，則要注意合理選擇應變速率。

3. 採用三軸向壓縮的變形方式：一般而言，擠壓變形比開放式模鍛較有利於塑性的選擇範圍，而開放式模鍛又比自由鍛造較有利於塑性的選擇。在鍛造低塑性材料時，可採用一些能增強三軸向壓應力狀態的措施，以防止工件破裂。

4. 增加變形的均勻度：不均勻變形會引起額外的應力狀態，促使金屬材料產生裂紋。合理的加工條件、良好的潤滑、合適的模具形狀等都能減小變形的不均勻性。例如，選擇合適的鍛縮比，可避免胚料心部變形不足而產生內部橫向裂紋。在鍛粗時，採用疊鍛或在接觸表面上施加良好的潤滑等，都有利於減小材料的凸脹，避免表面縱向裂紋的產生。合理的擠壓凹模入口角和抽拉模的錐角等，亦有助於金屬擁有較佳的塑性流動，以提高可塑性。

1.15　塑性加工的應用

　　塑性加工的材料包含碳鋼、合金鋼、不鏽鋼、耐熱鋼等鋼料及鋁合金、銅合金、鋅合金、鎂合金等非鐵金屬，擴展至鈦合金、耐熱超合金、鎢鉬鈷等合金，其需求量不斷地增加。在應用各種塑性加工法時，應配合材料之組織結構、強度及機械性質等，使其「適材適法」，如圖 1-34 所示。

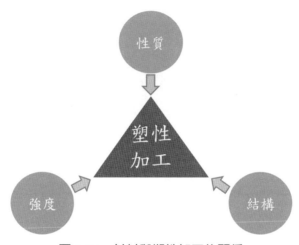

圖 1-34　材料與塑性加工的關係

　　塑性加工已廣泛應用於工業界中各種零組件及產品的製造，例如工具機及運輸設備的零件、手工具、螺絲、金屬容器等。一般而言，工業上使用的素材都是先以鑄造後，再經塑性加工法予以完成，例如鍛造、沖壓、抽拉、擠製等。圖 1-35 表示在鋼鐵工業的塑性加工應用，生產一次加工產品，例如板材、型鋼、棒材、管材等素材，以供下游工業使用。由於技術不斷的發展，各種可用材料亦陸續增加，因此塑性加工的應用範圍愈來愈廣，譬如鐵鎚、鉗子等手工具，螺絲、螺帽等扣件，金屬盒、罐等容器，鋁門窗、接頭等建築構件，電子用沖壓零件，汽車、機車、工具機、飛機等工業重要零組件。至於使用塑性加工成形的汽車產品更是不勝枚舉，例如發動機的零組件、車身的鈑金件、底盤的結構件等，如圖 1-36 所示。

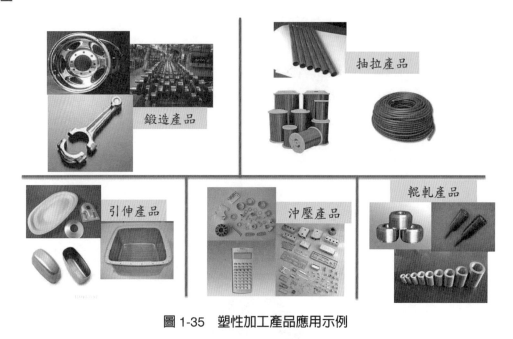

圖 1-35　塑性加工產品應用示例

圖 1-36　塑性加工汽車產品應用示例

塑性加工技術的應用產業，幾乎所有產業均有其生產成品的足跡。採用沖壓製程生產的產品，常見的有精細沖壓件，例如電子通訊產品零組件的導線架、連接器、電子槍零件、馬達芯片等；大型鈑金件，例如如汽車殼體鈑金沖壓件、各類機器鈑金殼體等；精密下料沖壓件，例如運輸工具之離合器、齒盤、錶帶、相機零件等；一般傳統沖壓件，例如日常民生用品的鎖類、運動器材、文具、五金等。至於鍛造技術應用範圍，可概略分為機械業，例如農機、採礦機械、化工機械、輸送機械之零件；金屬製品業，例如手工具、螺絲、螺帽、閥、小五金等；運輸工具業，例如曲柄軸、連桿等傳動系統零件；電機電子業，例如：發輸配電機械之零件；精密器械業，例如醫療、器械、鐘錶之零件等。在休閒運動器材業，例如：高爾夫球頭、健身器材、滑翔翼零件及生醫工業，例如：人工骨頭、義肢等，皆可找到應用塑性加工成形的產品。

習題

1. 何謂塑性加工？試述之。
2. 試述塑性加工之分類。
3. 何謂熱間加工？冷間加工？試分別說明其對材料機械性質有何影響？
4. 試舉例說明在我們生活環境所見到的塑性變形製品，並說明其加工製程。
5. 何謂彈性變形與塑性變形？試述之。
6. 請詳加描述下述三個名詞之意義：
   甲、金屬材料的差排
   乙、材料的臨界剪應力
   丙、加工硬化
7. 影響滑動變形之因素有那幾種？
8. 影響塑性變形滑動之因素有哪幾種？試述之。

2

鍛造加工

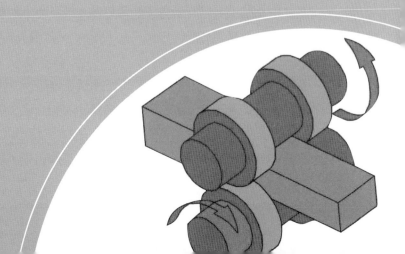

鍛造是人類最古老的成形技術之一，最早使用鍛造之年代可追溯至西元前4000年，甚至更遠到西元前8000年，如圖2-1所示。當然，原始的鍛造，或是說工業革命前的鍛造技術，都是傳統的手工鍛打。工業革命以後，機器大量使用；在鍛造工業上，傳統的手工鍛打才逐漸被機器鍛造所取代。發展迄今，從非常小的螺絲到數十噸重的船用主軸，都可以使用鍛造成形；而且，在形狀的複雜程度上與材料的應用種類上，鍛造所能應用的範圍愈來愈廣。

圖 2-1　古代的鍛造加工

2.1　鍛造加工原理

鍛造（forging）是將素材透過加壓機及模具產生的壓力，進而使金屬材料產生塑性變形，以獲得產品的幾何尺寸、形狀，並同時改善材料機械性質的一種成形方法。

鍛造之主要應用場合有二，其一為成形加工，另一為改善產品的機械性質。前者是鍛造加工之主要目的，用於將一次加工之半成品施以塑性變形，以達預期之材料形狀。而後者，則用於改善產品的內部金相組織，例如粗大結晶微細化、針孔或巢孔消除、偏析組織均一化、加工硬化等，以增加產品之強度；塑型

加工異方性材料，以提高其強度和延性等。

　　鍛造加工是屬於非連續的加工方法之一，不像其他加工法可以連續生產板材、塊材等產品。鍛造加工的另一項特色是可以控制金屬流動（metal flow）及晶粒結構，因此鍛造加工之產品比切削加工產品具有較佳的強度及韌性。圖 2-2 表示切削加工與鍛造加工時的金屬流動情況，圖中顯示鍛造件中的材料流動性較切削加工爲佳。

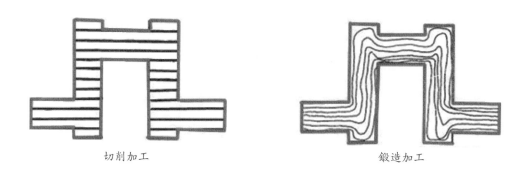

切削加工　　　　　　　　　　　　鍛造加工

圖 2-2　切削加工與鍛造加工的金屬流動情形比較

2.2　鍛造加工流程

　　鍛造加工製程不屬於切削性之金屬加工製程，其與一般切削或研磨工作不同。鍛造加工製程主要包含：(1) 鍛品設計；(2) 鍛模設計與製作；(3) 胚料準備；(4) 前處理與磨潤；(5) 鍛壓成型及沖剪；(6) 鍛品後處理與檢驗，如圖 2-3 所示。

　　1. 鍛品設計：依顧客需求之鍛件產品進行設計，並繪圖鍛件之 3D 模型。

　　2. 鍛模設計與製作：鍛品設計與 3D 模型建構完成後，即可進行鍛造模具之設計，同時選擇模具材料及加工方法。

　　3. 胚料準備：胚料準備包含胚料之檢視、截鋸適當大小、尺寸及修整和清潔胚料表面。

　　4. 前處理與磨潤：此階段主要是進行胚料與鍛模之間界面的摩擦與潤滑處理。

5. 鍛壓成形及沖剪：此階段係進行鍛品的鍛打成形與沖剪之動作。

6. 鍛品後處理與檢驗：鍛件的後處理包含整形與修整。整形是以整形機進行模鍛後鍛件的整形校直，通常大鍛品、較薄、或複雜的鍛品才需要整形；修整是用鉗工工具、研磨機或噴砂、硫酸等清除鍛品表面的雜質。檢驗包含產品各項尺寸外觀檢測、機械性質試驗及檢視鍛件各部位是否有缺陷產生。

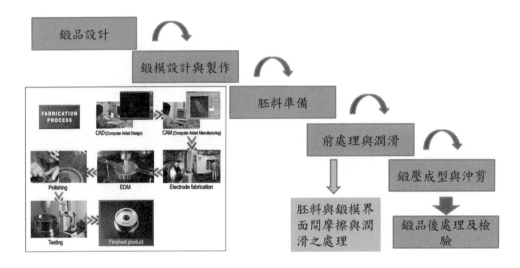

圖 2-3　鍛造作業流程

2.3　鍛造加工分類

鍛造加工方法可依模具型式、工作溫度、材料變形形態等有不同的分類，如圖 2-4 所示。

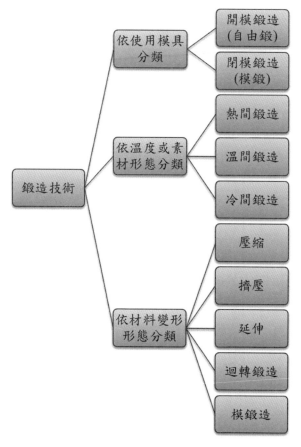

圖 2-4 鍛造加工分類

2.3.1 依模具型式分類

開模鍛造

　　早期，鐵匠打鐵方式就是屬於開模鍛造（open-die forging），或稱之為手工鍛造。而手工鍛造已無法在合理的經濟效益下，生產符合精度較高的產品，因此僅在少量之形狀修整使用。

　　開模鍛造法係將金屬胚料放置於簡易形狀之上、下鍛模間，並施加壓力鍛打，其主要是改善鍛件機械性質，如圖 2-5(a) 所示。圖 2-5(b) 表示金屬材料

受到單一軸向的外力，在體積不變定律下，高度變短，其橫斷面積增加，此為一種理想的變形過程，稱之為均勻變形（uniform deformation）。然而，在實際過程中材料與模具接觸的表面具有摩擦力，材料在變形過程會發生鼓脹變形（barreling），如圖 2-5(c) 所示。若材料與模具接觸的表面有適當的潤滑，即可降低鼓脹變形的現象。

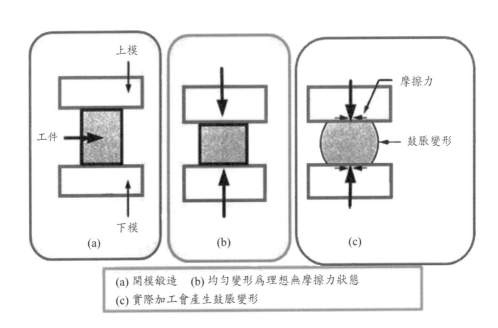

(a) 開模鍛造　(b) 均勻變形為理想無摩擦力狀態
(c) 實際加工會產生鼓脹變形

圖 2-5　開模鍛造之材料變形過程

閉模鍛造

閉模鍛造法（close-die forging）係指工件完全密封在三維之模具中，藉由鍛造機器施加擠壓或衝擊之能量，使材料產生變形，進而將上、下模穴充滿的加工方法。

閉模鍛造法具有較高的產品尺寸精度，且適合大量生產，故大部份的鍛件均採用閉模鍛造方法。但在模具設計、製程參數的控制上均較開模鍛造困難，且閉模鍛造法產品要求精度也高，因此在新鍛件的產品開發過程中，必須不斷地

試鍛。一般來說，鍛造經驗累積之多寡，即是鍛造工廠效率與能力高低之主要原因。

　　圖 2-6 表示典型閉模鍛造時之材料變形過程，當鍛件進行變形過程中，材料被模具的壓縮能量擠壓，進而充滿模具內部，而多餘的材料經壓擠餘料道（flash round）流出至飛剌溝（gutter）內，形成壓擠餘料（flash），如圖 2-6(d) 所示。此擠壓餘料的厚度遠比模具內部製品的厚度為薄，其溫度容易下降，變形抵抗也會增加。

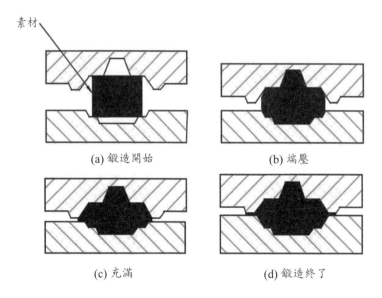

(a) 鍛造開始　　　　　　　　　　(b) 端壓

(c) 充滿　　　　　　　　　　　　(d) 鍛造終了

圖 2-6　閉模鍛造之材料變形過程

2.3.2　依鍛造作業溫度分類

　　鍛造加工以鍛造溫度分類，可區分為熱間鍛造、溫間鍛造與冷間鍛造等三大類，分別敘述於下：

熱間鍛造

　　熱間鍛造屬於熱作加工，成形時須將金屬材料加熱至再結晶溫度以上，再進行鍛造加工。表 2-1 列舉數種典型材料之鍛造溫度。

表 2-1　不同材料的鍛造溫度

材質	加工時溫度（℃）	加工後溫度（℃）
低碳素鋼	1350	850
中碳素鋼	1290	850
高碳素鋼	1120	850
不銹鋼	1250	900
工具鋼	1150	900
高速度鋼	1200	1000
Cr-Mo 鋼	1250	900
鋁合金	250	300
銅	870	750
鎂合金	420	280

　　熱間鍛造以其模具形狀又分為開模鍛造和閉模鍛造。開模鍛造使用形狀較簡單之模具，適合於變形自由度較大之工作，或是大型工件之少量生產。閉模鍛造所用之模具形狀較為複雜，適合於中、小型工件之大量生產。

　　熱間鍛造因在高溫作業，可藉由再結晶過程，使材料組織微細化，改善材料之機械性質，其適合生產韌性要求較高之鍛件。圖 2-7 表示熱間鍛造的製造流程，其中部分階段之作業分別說明於後。

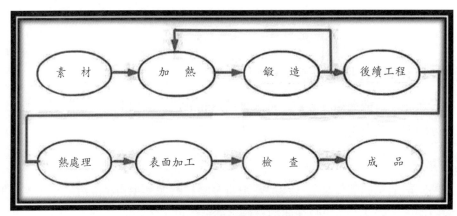

圖 2-7　熱間鍛造的加工流程

1. 素材準備階段：鍛造用素材經下料後，尚須經過修整和表面清潔等工作。

2. 加熱階段：加熱可增加金屬之可塑性，因而降低所需的鍛造壓力。

3. 鍛造加工：此階段包括預鍛與成形鍛造。預鍛係對形狀複雜之工件，無法在一次予以鍛造成形，須先預鍛成半成品，以減低鍛造壓力及餘料損失等。

4. 後續工程：最終的鍛造製品仍須要藉助於其他加工方法，以去除餘料、表面缺陷或鱗皮。

5. 熱處理：依不同材質施以適當之熱處理，以達到所要求之機械性質。

6. 表面加工：可借助不同的方法改善鍛件的表面性質，例如珠擊、防鏽處理、矯正加工等。

7. 檢查：鍛件之檢查包括尺寸、表面精度、材料機械性質等。

8. 成品：經檢查合格之鍛件，即可進行包裝。

冷間鍛造

冷間鍛造法始於 19 世紀末，主要是鉛或鋁等軟金屬之應用；當時，由於模具材料之限制，一些強度較大或需要高壓力之鋼鐵材料，加工時，常導致模具破裂。直到 1935 年，德國才開發鋼鐵材料之冷間鍛造。第二次世界大戰後，美國也陸續發展使用冷間鍛造。從此，冷間鍛造的應用範圍日益增廣，從汽、機車零件、螺栓、螺帽，到產業機械零件、壓力容器、電氣產品等都可以經由冷間鍛造予以成形。

冷間鍛造係指在再結晶溫度以下成形之鍛造方法，實際上冷間鍛造大都是在室溫下進行。冷間鍛造之產品不會出現如熱間鍛造所產生之厚氧化層鱗皮，所以產品的尺寸精準、表面狀態優良，且也能增加材料強度。然而，由於冷間鍛造係在常溫下，使金屬結晶粒係以滑動和差排的方式產生永久變形，因此所需之負荷較大，且會引起加工硬化，須進行退火來消除此種現象。

溫間鍛造

溫間鍛造係利用熱間、冷間鍛造兩者優點，經過改良的一種加工方法。溫間鍛造加工之材料係在再結晶溫度下，材料沒有發生金相變化，且變形所需負荷較冷間鍛造低；另外，其製品之尺寸精度較熱間鍛造製品為佳，且無高溫氧化之鱗皮。

溫間鍛造適用溫度隨材料不同而異，例如鋼材在 300~400 時有藍脆性，加工時應避開這個溫度，因此鋼材之溫間鍛造溫度最好在 400~700 之間。不銹鋼材則因 400 附近有析出現象，降低其延展性，所以鍛造溫度最好選在 200~300 或 500~700 之間。另外，潤滑劑之選用也是一大影響因素，通常選用高溫安定之石墨或二硫化鉬。

2.3.3　依材料變形形態分類

根據塑性材料變形之情況，鍛造加工可依其所受之主要應力狀態分成五大類，即

1. 壓縮成形：素材受單軸或多軸向之壓應力作用，而達到塑性變形，包括輥鍛、模鍛及擠伸等。

2. 複合拉伸與壓縮成形：素材受單軸或多軸向之複合拉伸與壓縮應力作用，而達到塑性變形，包括深抽、鼓脹等。

3. 拉伸成形：素材受單軸或多軸向之拉應力作用，而達到塑性變形，包括引伸、擴張等。

4. 彎曲成形：素材主要受彎應力作用，而達到塑性變形。

5. 剪力成形：素材主要受到剪應力作用，而達到塑性變形。

另外，迴轉鍛造成形是指鍛造時，施加壓力之運動方式除了垂直或水平方向運動外，亦有迴轉運動之方式，使被鍛造材料連續受局部塑性變形，而達到加工成形之目的。歸屬於迴轉運動之鍛造方式有輥鍛（roll forge）、交叉輥鍛（cross rolling）、環形輥鍛（ring-rolling）、搖動鍛造（rocking die forging）等，如圖 2-8 所示。

圖 2-8　迴轉鍛造產品

2.4 鍛造用之鍛錘及壓鍛機

　　鍛造是藉著塑性變形改變金屬的形狀，在鍛造作業中，需要專門的工具及設備。這些工具及設備隨著工業之進步，也有顯著之發展及改進，如圖 2-9 所示之鍛造工具設備種類。各種鍛造設備的詳細說明，如圖 2-10 所示。

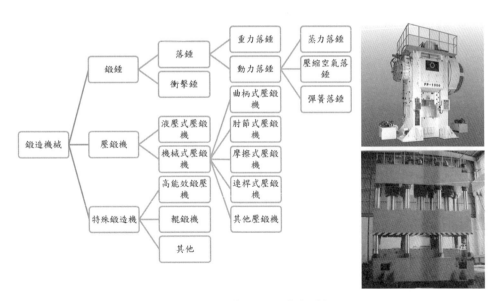

圖 2-9　鍛造工具設備之種類

種類	機械示意圖	說明
落錘	驅動機構 / 落錘滑塊 / 上模 / 下模 / 機架	落錘為最便宜、用途多,但加工能力有限的一種鍛造機械。
機械式壓鍛機	偏心輪 / 連桿 / 滑塊 / 機架 / 上模 / 下模座 / 推桿	•特徵是有一個垂直方向運動與電動馬達驅動的大型飛輪移動沖錘,機械鍛造沖床的加工能力通常介於3,000～16,000噸之間。 •與落錘鍛造機相比,機械鍛造沖床產出的產品較為精密,且可以允許上料、下料及兩個加工站之間的搬送自動化。
液壓式壓鍛機	上模座 / 下模座 / 油壓缸 / 機架	•液壓鍛造沖床的加工能力是由最大壓力決定。 •開模式鍛機的加工能力主要介於200～14,000噸之間,閉模鍛機則介於500～5,000噸之間。 •優點是可藉調整控制閥來改變加壓壓力,而當工件材質脆弱或易裂時,沖錘的速度也可以持續變化調整。

種類	機械示意圖	說明
摩擦螺旋壓力機	飛輪 / 離合器 / 驅動螺桿 / 滑塊 / 上模 / 下模 / 機架	•利用馬達驅動飛輪,然後將轉動的能量藉齒輪、螺桿來推壓沖錘,其規格通常是由螺桿的直徑來表示。直徑介於100～635mm之間,相當於160～4,000噸。 •直流電驅動螺旋沖床,螺桿直徑可達600mm,相當於4,190噸。液壓齒輪驅動螺旋沖床可達31,500噸,電力齒輪驅動式螺桿可達9,900噸。
輥鍛機	上輥輪 / 工件 / 下輥輪 / 機架 / 飛輪 / 齒輪 / 上下輥輪	輥鍛機是高生產力的機械,輥鍛機是利用馬達驅動轉軸,經過減速機來帶動下輥輪,而上輥輪在連接減速機之間則有一組氣動離合器,上下輥輪齧合在一起以維持同步旋轉。
其他鍛造機	軸滾輪 / 主滾輪 / 副滾輪 / 工件	其他鍛造機尚包括:楔形輥鍛機(wedge rollingmachine)、輻射狀鍛造機(radial forgingmachine)、環鍛機(ringrolling machine)等。

圖 2-10　各種鍛造設備之詳細說明

2.4.1 落錘

在人力及時間上，手工鍛造作業的經濟效益非常低，且不適用於大工件的鍛造，已逐漸爲機械化之落錘鍛造機所取代。

落錘鍛造機大致可分成落錘和對擊錘鍛造機兩大類。落錘鍛造機的落錘驅動方式有重力（自由落下）、或使用壓縮空氣、蒸汽、或彈簧等加強鍛造能量，因此可細分爲重力落錘、空氣落錘、蒸氣落錘、彈簧落錘等動力落錘。

圖 2-11 爲一種重力落錘機，亦可稱之爲板錘（board hammer）鍛造機，其鍛造的能量係由一塊錘體及上模自由落下所產生。因此，鍛造能量與錘體之重量及其舉昇高度有絕對的關係。生產用之重力落錘鍛造機之分級，係根據錘體所定的高度落下時可獲得之速度和鍛造能量予以區分。

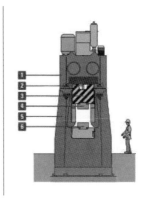

1. 動力錘
2. 錘桿
3. 錘頭
4. 上模
5. U 型粘座床身
6. 下模

圖 2-11　重力落錘機之機構

重力落錘鍛造機受到錘體重量及機械高度之限制，無法滿足大鍛造能量之需求。爲提高鍛造所需之能量，大型落錘鍛造機使用壓縮空氣、蒸汽或彈簧等驅動錘體，以提高落錘之速度，增加鍛造能量。此種有別於重力落錘鍛造機，一般統稱爲動力落錘鍛造機，如圖 2-12 所示。

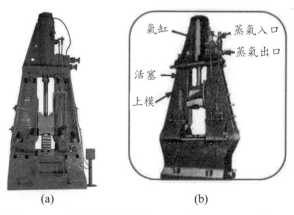

圖 2-12　動力落錘鍛造機：(a) 空氣式；(b) 蒸氣式

　　圖 2-13 表示一種對擊錘鍛造機，其作動原理與落錘鍛造機非常相似，為其一對（上、下）鍛錘之加工方向係以相對方向同時操作加工。此種鍛造機之動力，通常來自於蒸汽壓力或液壓壓力。立式對擊錘鍛造機驅動系統為蒸汽 - 液壓系統裝置；當蒸汽進入上方之汽缸，使上滑臂向下撞擊，同時，經由兩邊之活塞桿帶動下方之液壓，使得下滑臂向上運動。因下滑臂及活塞之組合重量大於上部之組合重量，使得上、下模撞擊後，會自動回復到起始位置；其回復速度，隨著作用於上方活塞之蒸汽壓力增加而增快。

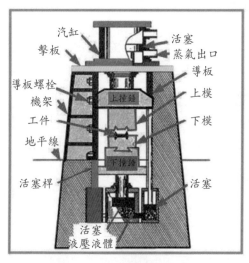

圖 2-13　立式對擊錘鍛造機

2.4.2 壓鍛機

壓鍛機可依其動力型態分為液壓式及機械式兩大類，分別說明如下。

液壓式壓鍛機（hydraulic press）

液壓式壓鍛機係由高壓液壓－空氣系統，驅動大活塞而產生運動，進行擠壓鍛造的機器，如圖 2-14 所示。液壓式壓鍛機具有恆定速度、負載受限、及較長的處理時間。雖然初始成本較機械式壓鍛機為高，但需要較少的維護。

圖 2-14　液壓式壓鍛機

鍛造使用之液壓式壓鍛機有很多型式，依其驅動方式可分為直接驅動與蓄壓式間接驅動兩種，分別說明如下。

1. 直接驅動式：直接驅動式壓鍛機係使用一高壓泵加壓液體（水或油），

並以加壓液體驅動活塞動作，如圖 2-15(a) 所示，該型壓鍛機之能量依高壓泵之尺寸而定。

2. 蓄壓式間接驅動式：蓄壓式間接驅動式壓鍛機係由高壓泵加壓液體，儲存在蓄壓器，作動時再由蓄壓器供給液體以操作大活塞，如圖 2-15(b) 所示，一般大型液壓式壓鍛機均屬此種型式驅動。

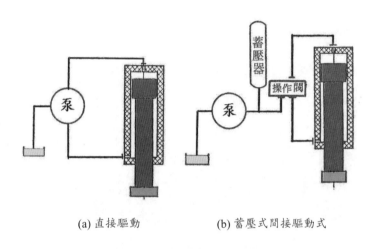

(a) 直接驅動　　　　　　　(b) 蓄壓式間接驅動式

圖 2-15　液壓式壓鍛機原理

液壓式壓鍛機和其他類型鍛造機有很大的差異，液壓式壓鍛機是以一平穩且低的工作速率，施加預定的負荷於工作物上，為一種壓擠的加工方式，而非撞擊式的加工方法。因此，較適合於長形或複雜形狀或對變形速率敏感之材料加工。

機械式壓鍛機（mechanical press）

凡是利用馬達之迴轉運動或扭矩，直接進行往復運動之壓鍛機，統稱為機械式壓鍛機。常見的迴轉運動轉換為往復運動的方法有液壓式（hydraulic pressure）、曲柄式（crank）、連桿式（link）、肘節式（knuckle or toggle）、摩擦螺旋式（friction screw）、與重力落錘式（gravity drop hammer）等，如圖 2-16 所示。

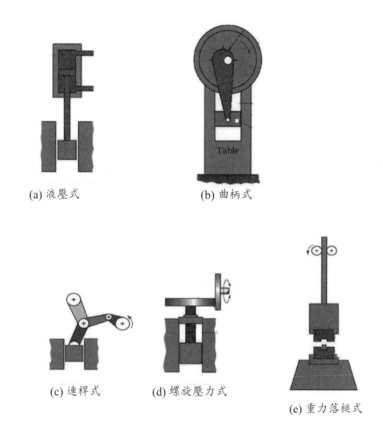

(a) 液壓式　　　　　　　　(b) 曲柄式

(c) 連桿式　　(d) 螺旋壓力式

(e) 重力落槌式

圖 2-16　機械式壓鍛機之傳動機構

　　由於機械式壓鍛機的傳動機構具有一定的衝程，所以機械式壓鍛機之功能受制於機台衝程（stroke）大小。通常，壓鍛機之大小是以其衝程末端所產生之最大力量稱呼之，其速度則從衝程中央之最大速度變化至衝程末端之靜止狀態（或死點）。

　　一般而言，機械式壓鍛機之衝程長度遠較液壓式壓鍛機之衝程短；因此其加工循環之速度快，適合於生產小型工件及自動化工廠生產線上之多站式連續鍛造。

　　機械式壓鍛機主要是利用曲軸或其他機械力量傳動，將電動機的迴轉運動經

由曲柄、連桿、偏心等轉換成直線運動，並使滑塊鍛模鍛打產品，如圖 2-17 所示。

表 2-2 列出液壓式與機械式壓鍛機之性能比較，而機械式壓鍛機作業時仍須注意下列事項：

1. 壓鍛機之機架必須堅固，尤其是兩側機柱。

2. 壓鍛機須在衝程末端 3~4mm 以前，施出其最大力量，使金屬得於充滿模穴或擠出餘料（flash）而成形。

3. 壓鍛機操作時，鍛件與模具之接觸時間愈短愈好，而沖壓則以較慢的成形速度，減少彈回量（spring-back）；因此，壓鍛機之加工速度較沖床為快。

圖 2-17　機械式壓鍛機之外觀構造

表 2-2　液壓式與機械式壓鍛機之性能比較

機能	機械式	液壓式
生產（加工）速度	比液壓式快	比機械式慢
衝程長度之限制	不能太長 （600～1000mm）	相當長
衝程長度之變化	一般不易變更	極易於變更
衝程終端位置之決定	普通機種之終端位置可正確決定	一般終端位置不能正確的決定

機能	機械式	液壓式
壓力（加壓）之調整	不易調整	容易調整
壓力（加壓）之保持	不能	容易保持
壓床本體是否會發生過負荷	容易發生負荷	絕對不會發生過負荷
維護之難易	比液壓床容易	費工夫（主要為油或水洩漏）
壓床之最大能力	4,000 噸力（鈑金用），9,000 噸力（鍛造用）	200,000 噸力
適合用途	適合於施行下料、沖孔、壓印等	適合需要在一定壓力下工作之壓印、擠壓、模鍛、引伸

2.4.3 特殊鍛造機械

高能率壓鍛機（high energy rate forging machine, HERF）

　　高能率鍛造機也稱之為高能率壓鍛機，是一種冷或熱閉模壓鍛機，金屬在模具中以非常高的速率變形。原則上，鍛件之形狀通常是一次或兩、三次鍛擊成形。高能率壓鍛機主要之鍛造力量是撞擊滑塊之速度，而非滑塊之重量；滑塊的速度通常是 200 到 800 in/sec 之間，而壓鍛機之能量約在 12,500 至 400,000 ft-lb 之間，如圖 2-18 所示。

圖 2-18　高能率鍛造機之外觀

高能率鍛造方法與傳統鍛造方法比較，具有下列優點：

1. 可由胚料或預製品一次鍛造出複雜的零件。

2. 可鍛性低或以其他方法難以鍛造之金屬，此法可以成功地完成鍛造加工。

3. 鍛件的尺寸精度及表面光度可獲得改善。

4. 可縮減鍛件之內外加工裕度，甚至可以省略。

5. 可改善金屬之抗應力腐蝕，尤其是鋁合金。

6. 鍛面深及薄之鍛件仍具有可鍛造性。

7. 可鍛造需大變形之產品。

8. 操作方法簡單，不需依賴於熟練技術。

高能率鍛造也有下列缺點及限制：

1. 在外形上，半徑小之內、外圓角難以鍛造。

2. 限於對稱形狀零件之鍛造，但有些非對稱之預製品也可以此法加工。

3. 鍛造生產速度較機械式壓鍛機慢。

4. 能加工之零件，碳鋼材料限於 25 磅以內，不銹鋼或耐熱合金則更少。

5. 模具在製作時，為了抵抗大的衝擊力量；實務上，都在模具中嵌入收縮環（shrink ring），使其具有預壓應力。

型鍛造機（swaging machine）

型鍛造機主要是利用動力驅使一環狀結構，迫使高速輥子推動凸輪，作動鍛模，使管件或圓桿胚料施以擊壓而成形，如圖 2-19 所示。型鍛造機依模具作動不同分為旋轉型鍛造機與固定模型壓鍛機，其中旋轉型鍛造機是鍛模產生旋轉撞擊工件，使工件迅速成形；而固定模型壓鍛機則是由四周輥輪撞擊工件予以成形。

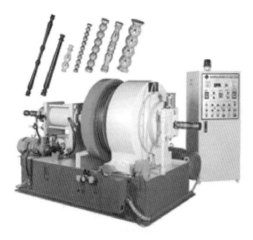

圖 2-19　型鍛造機外觀及其生產之鍛件

2.4.4　輥鍛機（roll forging machine）

　　輥軋鍛造（roll forging or forge rolling）為一熱間鍛造法；此法係利用兩個逆向旋轉的輥子，用於縮減桿狀或板狀工件之截斷面積，或依輥子上相配合之溝槽來改變工件素材之形狀。此加工原理類似於輥軋加工（rolling），將胚料輥製成棒材之性質，如圖 2-20 所示。

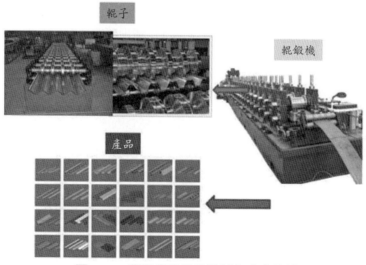

圖 2-20　輥軋鍛造設備及其生產之鍛件

輥軋鍛造係將材料置於一對反向旋轉模具的作用，產生塑性變形而得到所需鍛件或鍛胚的成形工藝。圖 2-21 表示輥軋鍛造的工作原理，其加工是一種複雜的三維變形，大部分的變形材料係沿著長度方向流動，使胚料長度增加，另有少部分材料沿著橫向流動，使胚料的寬度也有增加。

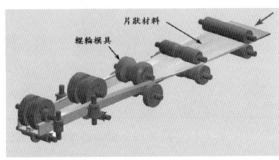

圖 2-21　輥軋鍛造機及其加工過程

2.5　鍛造機能量

選擇適當的鍛造設備，必須考慮到鍛件的尺寸、鍛件的複雜度、鍛件的機械性質（如強度、硬度）、鍛造的變形程度等因素；另外，鍛件的生產速度也是選用設備必須考慮的因素之一。常用鍛造設備的特性有能量、速率和衝程等，表 2-3 指出各式鍛造設備之成形速度範圍及速度與衝程的關係。

表 2-3　各式鍛造設備之成形速度特性

鍛造設備	速度範圍（m/s）	衝程速度
液壓式壓鍛機	0.06-0.3	速度
機械式壓鍛機	0.06-1.5	速度　衝程

鍛造設備	速度範圍（m/s）	衝程速度
摩擦螺旋壓床	0.06-1.2	
重力落錘機	3.6-4.8	
動力落錘機	3.0-9.0	
對擊鏈錘機	4.5-9.0	

表 2-4 指出各式鍛造設備之等值能量，其最大能量值係由方程式（2-1）計算而得，即

$$(F \times d) \times f = \frac{mv^2}{2}$$（2-1）

其中 F 表示作用力（鍛錘滑塊總重量 + 平均有效壓力 * 活塞面積）；d 為衝程距離；f 表示扣除摩擦消耗能量得到的有效係數；m 為作用的總質量；v 表示鍛錘在衝程末端之瞬間速度。

另外，表 2-4 中液壓式壓鍛機之定額（rating）係表示液壓壓力和活塞面積之乘積；動力落錘之定額是鍛錘、連桿、活塞與模具之重量和，加上平均壓力乘以活塞面積；而對擊錘鍛造機之定額，通常比同級的動力落錘與重力落錘高出約 20%，即為動力落錘或重力落錘損失在基座上的能量。

表 2-4　各式鍛造設備之等值能量（摘自 Ceco Bulletin 157-L-7 of the Chambersburg Engineering Company）

最大能量		液壓式壓鍛機	對擊錘鍛造機定額（m-kg）	動力落錘定額（lb）	機械式壓鍛機定額（T）	重力落錘定額（lb）
ft-lb	m-kg					
3,850	533		450	455		1,000
5,870	812		650	680		1,500
8,830	1,220		1,000	910		2,000
11,000	1,540	500		1,000	600	2,200
11,320	1,570	550		1,130	660	2,500

最大能量		液壓式壓鍛機	對擊錘鍛造機定額（m-kg）	動力落錘定額（lb）	機械式壓鍛機定額（T）	重力落錘定額（lb）
ft-lb	m-kg					
14,200	1,960	680		1,360	820	3,000
16,700	2,310	750	2,000	1,500	900	3,300
19,400	2,690	900		1,800	1,080	4,000
21,700	3,000	935	2,500	1,870	1,120	4,100
22,500	3,120	1,000		2,000	1,200	4,400
24,700	3,420	1,125		2,250	1,350	5,000
26,200	3,630		3,000			
28,500	3,950	1,250		2,500	1,500	5,550
30,000	4,160	1,350	3,500	2,700	1,620	6,000
34,400	4,770	1,500	4,000	3,000	1,800	6,600
41,600	5,770	1,800		3,600	2,160	8,000
46,000	6,370	2,000	5,500	4,000	2,400	8,800
52,000	7,200	2,250	6,000	4,500	2,700	10,000
58,000	8,030	2,500		5,000	3,000	
70,000	9,700	3,000	8,000	6,000	3,600	
86,800	12,000	3,700	10,000	7,400	4,400	
94,000	13,000	4,000		8,000	4,800	
118,000	16,000	5,000	13,000	10,000	6,000	
138,000	19,100	5,850	16,000	11,700	7,000	
142,000	19,600	6,000		12,000	7,200	
173,000	23,900	7,300	20,000	14,600	8,700	
220,000	30,400	8,300	25,000	16,600	10,000	
240,000	32,200	10,000	32,000	20,000		
300,000	41,500	12,500		25,000		
361,500	50,070	15,000	40,000	30,000		
425,000	59,000	17,500		35,000		
	60,330	18,000		36,000		

最大能量		液壓式壓鍛機	對擊錘鍛造機定額（m-kg）	動力落錘定額（lb）	機械式壓鍛機定額（T）	重力落錘定額（lb）
ft-lb	m-kg					
484,000	67,036	20,000	50,000	40,000		
546,800	75,500					
610,000	84,500	25,000	63,000	50,000		
694,400	95,800					
738,000	102,200	30,000	80,000			
868,000	120,200	35,000	100,000			
1,280,000	172,800	50,000				

習題

1. 請說明鍛造目的何在？試述之。

2. 說明鍛造的流程。

3. 鍛造加工之種類有那幾種？各種加工方法有何特徵？試述之。

4. 鍛造加工以鍛造溫度區分為那幾種類？並分別說明其特色。

5. 試說明機械式與液壓式鍛壓機之性能差異。

6. 請列舉高能率鍛造之優缺點。

3

沖壓加工

3.1 沖壓加工簡介

在古老時代，金屬薄板製品已有手工製品，如表3-1所示。西元前4000年，埃及即有使用沖壓加工製作銅的容器，其後發展使用簡單模具，在西元前1400年出現薄板的整體壓製；另在十五世紀瑞士出現圓胚料的引伸成形製品。西元1848年，應用剪切的手動曲柄沖床問世後，奠立薄板成形的里程碑，意味著機械式薄板成形的開始。其後隨著需求增加與生產技術的進步，各種機器已逐漸取代手工加工，在西元1913年，成功生產第一個薄鋼板汽車製品後，板材沖壓加工技術與應用突飛猛進，如圖3-1所示。

表 3-1　早期的薄板成形方法

成形方法	示意圖	首次應用
手工敲擊		西元前4000年末在埃及用於製造銅容器與金容器
模壓成形	錐形沖頭　眼型沖頭　成形沖頭 彈性凹模	此描述出現於西元前約1450年RechmJ Re地方出土墳墓中
整體壓制	彈性凹模 壓模 凹模	出現在西元前約1400年My kene和Knossos的壁畫上
圓筒引伸	凸模 凹模	於西元1500年前後出現於瑞士
伸展	凹凸模	伸展壓延約出現於西元前600年，經常使用是在西元1500年開始

圖 3-1　早期汽車鈑金的發展過程

　　沖壓加工製品具有許多的特點與優異性，從日常用品至交通、航空等工業皆佔有舉足輕重的角色，圖 3-2 為沖壓產品的應用。目前在工業界中，金屬總產量中的 70 ～ 80% 經由輥軋成板狀材料，其中較厚重的板材直接用於各種結構材料；而大部份的板材屬於薄板材，其以薄板成形（sheet metal forming）技術加工成各種機械零組件和製品。據統計，現代汽車工業中，板材沖壓件的生產總值約占 59%。

　　沖壓加工（stamping or press working）係利用沖壓設備產生的外力，經由模具的作用，形成剪切、彎曲及壓延等效應，使材料產生塑性變形，製造成各種製品的塑性加工法。

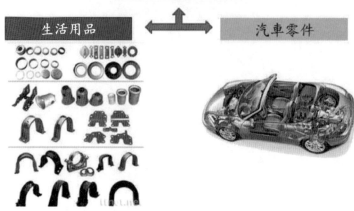

圖 3-2　沖壓產品的應用

　　圖 3-3 表示沖壓加工是由三個要素構成，即沖壓設備、模具、胚料。因此，沖壓加工具有下列三項特徵，即

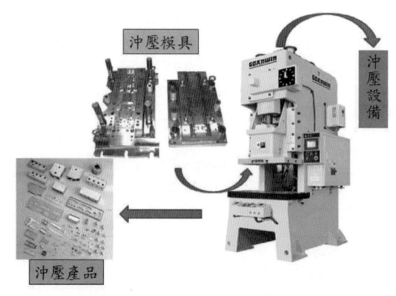

圖 3-3　沖壓加工的基本要素

1. 依生產方法而言：沖壓加工是一種常溫的壓力加工，故亦可稱之為冷沖壓或謂之為一般沖壓。

2. 從應用設備而言：沖壓加工是使用各種型式的沖壓設備，以獲得加工過程中所需的工作壓力。

3. 就加工材料而言：沖壓加工主要是金屬板料、條料或帶料，有時尚可為非金屬板料。

沖壓加工具有下列優點：

• 在簡單的沖擊動作下，即能完成形狀複雜的工件。

• 可得到尺寸精度相當高的互換性零件，並且不需要進一步的機械加工。

• 材料耗費不大，且可得強度大、剛性高的工件。

• 使用材料少，符合經濟效益。

• 生產過程簡單，使用自動化機械設備，生產效率頗高。

• 所需加工技術水準不高，可以由非熟練的人員來操作。

• 由於產量大，工作成本降低，競爭力強。

雖有上述之優點，沖壓加工亦存在一些缺點：

• 產品因模具而異，形狀尺寸不同，模具亦不同。

• 精度高的產品，其模具精度亦相對要求更高，因而製造費時、成本高。

• 成本以生產量來反應，較適於產量高的產品加工。

• 模具製造費時，影響生產日程。

• 操作時危險性大，故應有安全措施。

3.2 沖壓加工的種類

沖壓加工依變形性質可分為兩大類，即：

1. 剪斷分離加工：被加工材料在外力作用下產生變形，當變形區的應力達到材料的抗剪強度時，材料便產生剪裂而分離。

2. 塑性變形加工：被加工材料在外力作用下，變形區的應力達到材料的降伏強度與極限強度之間，材料產生塑性變形，而得到一定形狀和尺寸的零件。

若依基本變形方式，沖壓加工可分為下列五種基本型式，如圖 3-4 所示。

1. 沖剪加工（shearing）：沿著封閉的輪廓，將材料剪切分離。

2. 彎曲加工（bending）：將平的材料作各種形狀的彎曲變形。

3. 引伸加工（drawing）：將平板材料製成任意形狀的空心件，或者將空心件的尺寸作進一步的改變。

4. 壓縮加工（compression）：在材料上施加重壓，使其體積重新分配，以改進材料的輪廓、外形或厚度。

5. 成形加工（forming）：將零件或材料的形狀作局部的變形。

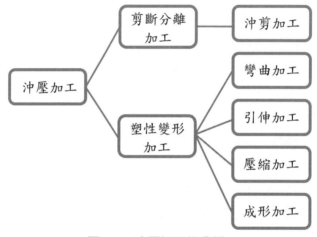

圖 3-4　沖壓加工的分類

將材料置於沖頭及下模塊之間，利用沖壓機械在材料上施以剪斷強度以上的外力，使沖頭刀刃與下模相互作用，使材料分離的加工謂之沖剪加工。此種加工可完成切斷、下料、沖孔、沖口、分斷、修邊與整緣等工作，表 3-2 列出沖剪加工的種類。

表 3-2　沖剪加工的種類

項目	名稱	加工前	加工後
1	剪斷（shearing）		
2	剪缺口（notching）		
3	下料（blanking）		
4	沖孔（piercing）		
5	剪斷（trimming）		
6	修邊（shaving）		
7	精密下料（fine blanking）		
8	剪矛鉤（slit form）		
9	分割（parting）		

3.3　沖壓機具

3.3.1　沖壓設備

　　沖壓加工所用的設備稱之為沖床（press），即在單位時間內產生固定大小、方向與位置之壓力，以進行沖壓產品的機械設備。在沖壓加工中，為配合不同沖壓產品而有不同類型的沖床設備，依沖床產生動作的形式，可分為人工

沖床（man power press）與動力沖床（power press）；依滑塊驅動機構數量有單動式（single action type）、複動式（double action type）、多動式（multi action type）等；依機架型式分有凹架沖床（或稱為 C 型沖床，C-frame press）、直壁沖床（straight slide press）、四柱沖床（four post press）等，如圖 3-5 所示。

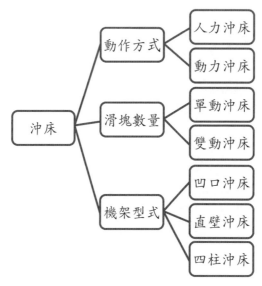

圖 3-5　沖床設備類型

人力沖床

　　人力沖床是指工作人員可透過人的手或腳的力量使沖床產生作動，因生產效率非常低，故僅適用於一般工業之裝配工作及負荷不高的零件加工，圖 3-6 所示。

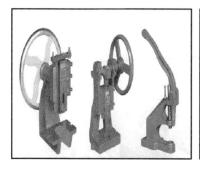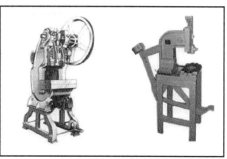

圖 3-6　人力沖床

動力沖床

　　動力沖床主要有機械式沖床與液壓式沖床兩種，但氣壓沖床及電磁沖床亦是屬於動力沖床。機械沖式床是以馬達為動力源，利用飛輪或各式減速齒輪組推動曲軸等機構轉動，進而驅動沖床之滑塊作上下往復運動，完成各種加工。依運動機構的不同有曲軸沖床、偏心沖床、摩擦沖床、肘節沖床、凸輪沖床等。液壓式沖床的衝力係由油泵向液壓缸供給，由活塞來推動沖床的滑塊。液壓機構最大的特點是能在全沖程中保持一定的壓力與速度，而且也可控制滑塊行程與沖床容量限度內任意特點給予最大之壓力。

曲軸式沖床

　　大部分的沖床使用曲軸機構，因其製作容易，衝程下端位置可正確控制，此種沖床適合打胚、折彎、抽製及其他沖床作業加工，如圖 3-7 所示。

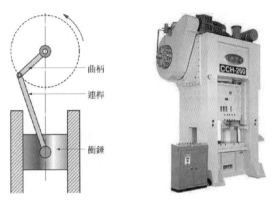

圖 3-7　曲軸式沖床

肘節式沖床

肘節式沖床（如圖 3-8 所示）具備下列優點，即

1. 在下死點附近，滑塊速度慢，壓力極高。
2. 下死點穩定而正確，可製造精確製品。
3. 此種沖床適合壓印、擠壓、壓花、引伸加工。

肘節式沖床亦存在一些缺點，即

1. 滑塊行程短。
2. 下死點滑塊速度慢，不適合做剪切加工。
3. 合模壓力過大，若調模距離不當，易損模具及沖床構造。

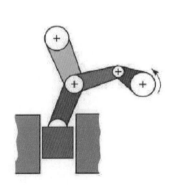

圖 3-8　肘節式沖床

液壓式沖床

　　液壓式沖床的特點是可自由選擇長短行程，當滑塊移動至任何位置其壓力不變，同時在滑塊移動中可調整加壓速度，且不會發生超負荷現象，如圖 3-9 所示。

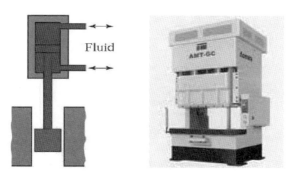

圖 3-9　液壓式沖床

單動沖床

　　單動沖床係以液壓方式驅動一個滑座，稱之為單動式液壓沖床，如圖 3-10 所示。

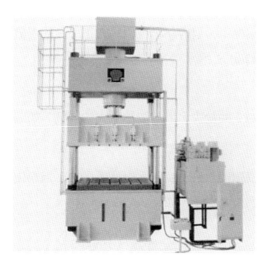

圖 3-10　單動沖床

複動沖床

複動沖床是在單一沖床的沖壓行程中,由兩個滑塊作動,這兩個滑座是由一個滑座及一胚料夾持塊構成,如圖 3-11 所示。

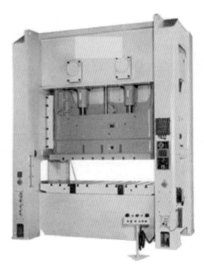

圖 3-11　複動沖床

凹口沖床

凹口沖床的結構簡單,但容易出現模具對正不良的現象,其進料可由側面或前方供料,如圖 3-12(a) 所示。

拱門沖床

拱門沖床所需的空間較少,但無法承受大的負載,如圖 3-12(b) 所示。

直壁沖床

直壁沖床的結構強健,可承受極大之反作用力,進料由前而後供料;縱然結構變形,不會影響模具之對正,如圖 3-12(c) 所示。

突角沖床

突角沖床僅適合輕負載的沖壓加工,如圖 3-12(d) 所示。

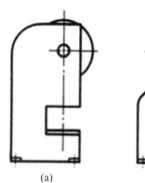
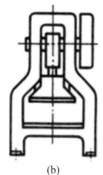
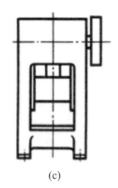
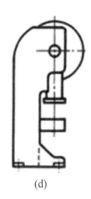

(a)　　　　　　　　(b)　　　　　　　　(c)　　　　　　　　(d)

圖 3-12　機架型式不同的沖床

表 3-3 列出機械式沖床與液壓式沖床的比較，其中機械式沖床的衝程受限於曲軸的臂長，無法像液壓式沖床的衝程可由液壓缸行程調整即可。

表 3-3　機械式沖床與液壓式沖床的比較

項目	機械式沖床	液壓式沖床
沖壓速度	較快	較慢
沖壓噸位數	較小	較大
衝程長度限制	不太長（600～1000 mm）	可較長
衝程長度變化	較難變化	容易設定
衝程終點位置	下死點位置	終點位置不一
加壓速度調整	不能	容易
加壓力調整	不能	容易
加壓力保持	不能	容易
過負荷發生	會	不會
保養難易度	容易保養	費時（防漏）

除了上述普通沖床之外，為配合各種沖壓需求及提昇生產效能，一些特殊的沖床也因應而生，譬如液壓摺床（如圖 3-13 所示）及三次元自動移送沖床（如

圖 3-14 所示）。

圖 3-13　液壓摺床

圖 3-14　三次元自動移送沖床

3.3.2　沖床規格

　　沖床設備的主要規格有公稱壓力、工作能量、衝程長度、衝程數、閉合高度、滑塊調整量、滑塊與床台面積等，分別說明如下。

　　• 公稱壓力：公稱壓力係指沖床的安全工作能力，其單位以「噸（ton）」表示之。

　　• 工作能量：沖壓時每一衝程所消耗的功，其單位以「噸—公釐（tonmm）」表示之。

- 衝程長度：沖床滑塊往復運動的長度，其單位以「公釐（mm）」表示之。

- 衝程數：沖床滑塊每分鐘上下往復運動的次數，其單位以「每分鐘衝程數（stroke per minute，SPM）」表示之。

- 閉合高度：滑塊在最大衝程下，自滑塊底面至床台面間的距離，稱之為閉合高度。若將滑塊下降至下死點，且衝程長度調到最大，滑塊調到最高極限，此時滑塊底面至床台面間的距離，稱為沖床的最大閉合高度。

- 滑塊調整量：滑塊本身可往上或往下調節的高低量，謂之為滑塊調整量，其單位以「公釐（mm）」表示之。

- 滑塊與床台面積：滑塊及床台之長和寬總面積，稱之為滑塊與床台面積。

3.3.3　沖床精度

沖床的精度可分為靜態精度與動態精度兩類，而其精度等級可分為特級、一級、二級、和三級，如表 3-4 所示。在靜態精度檢驗項目方面，包含滑塊與床台的真平度、滑塊與床台的平行度、滑塊上下運動與床台的垂直度、模柄孔與滑塊底面的垂直度、運動機構之上下總間隙等五個項目。

至於沖床的動態精度檢驗項目，則包含沖床啟動與停止時下死點的變化、迴轉數與下死點變位量的關係、連續運轉時機械發熱所引起的下死點變化、實際加工時滑塊之上下與水平方向的舉動。雖然動態精度才是真正的精度，但因無法克服技術上及檢驗的困難，故一般仍以靜態精度來規定沖床的檢驗標準。

表 3-4　沖床的靜態精度等級

等級	精度說明	用途
特級	精度極為優越	薄板精密沖剪、高速精密沖剪、特殊用途
一級	精度優越	薄板沖剪、高速沖剪、精密下料
二級	精度良好	一般沖剪、引伸、成形、壓花
三級	精度尚可	一般沖床加工

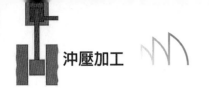

3.3.4　周邊設備

　　圖 3-15 表示一個沖壓加工設備系統，除了沖床之外，仍需要其他周邊設備，以提高生產速度與作業安全性，例如鬆料裝置、矯平器、垂弧控制器、供料裝置、安全裝置等，分別說明如下。

　　1. 鬆料裝置（uncoil equipment）：此種裝置主要是使捲料保持工整，使板材依沖壓時序進行鬆料動作。輕負荷之沖壓加供係使用捲軸架（coil cradle），而重負荷則用鬆捲機（uncoi1er），如圖 3-16 所示。

　　2. 矯平器（level equipment）：矯平機的功用係使長時彎捲的材料能伸展平直，以利材料平順送入沖模進行沖壓作業，如圖 3-17 所示。

　　3. 垂弧控制器（loop control equipment）：因沖床係間歇性供給矯平後的捲材，在供料時必須使材料垂弧能在某一範圍下降與停止，垂弧控制器即扮演這種控制的角色。

　　4. 供給裝置（feeder）：供給裝置主要是將胚料送入模具區的機構，其型式有滾輪式與夾爪式兩種，圖 3-18 表示一種常用的空氣驅動的夾爪裝置。

　　5. 安全裝置（safety equipment）：沖壓加工作業常用的安全裝置的種類很多，其一為讓作業員的手無法或不須伸入沖模加工位置的方式，例如設置圍護欄、採用重力送料或自動送料、配置推進器等；其二為當作業員的手必須置於沖模加工位置時，設計離合器不作動的方式，例如設計互鎖作動的兩手操作裝置或兩手按鈕裝置（如圖 3-19 所示）、採用閘門護欄（如圖 3-20 所示）、使用光電式感應裝置等（如圖 3-21 所示）；其三為使用機械外力將作業員的手從模具位置撥出的方式，例如設計旋刮護具、採用拉開裝置或彈上裝置等；其四為借助手工具進行送料作業，例如使用夾鉗、設計電磁鐵或吸盤式治具，如表 3-5 所示。

圖 3-15　沖壓加工設備系統

圖 3-16　鬆料裝置

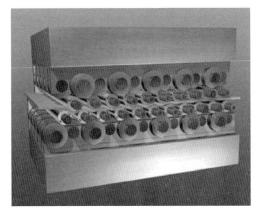

圖 3-17　矯平器

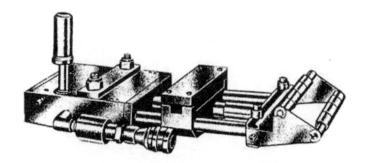

圖 3-18　空氣驅動的夾爪裝置

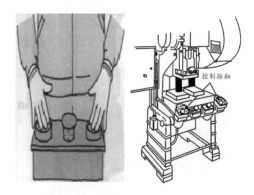

控制按鈕

圖 3-19　雙按鈕式之沖床安全裝置

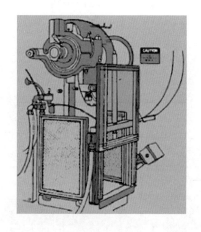

圖 3-20　閘門式之沖床安全裝置

圖 3-21 光電式之沖床安全裝置

表 3-5 沖壓安全裝置

分類形式	種類
讓手無法伸入沖模加工位置方式	1. 重力送料 2. 推進器 3. 自動送料 4. 圍護欄
當手置於沖模加工位置時，離合器不作動方式	1. 閘門護欄 2. 兩手操作裝置 3. 兩手按鈕裝置 4. 光電式裝置
使用機械方式將手從模具位置撥出方式	1. 旋刮護具 2. 拉開裝置 3. 彈上裝置
手工具	1. 吸盤式 2. 電磁鐵 3. 夾鉗

3.4 沖壓模具

3.4.1 沖壓模具種類

沖壓模具（stamping die）係指在沖壓加工中爲製成所需工件，將各種相關配件組合形成的整套工具。由於沖壓成品的不同或使用沖壓機具及材料的種類不同，模具的種類繁多，且變化無窮。

模具的分類方法有很多種，依產品加工方法分類，沖壓模具可分爲沖剪模具、彎曲模具、引伸模具、壓縮模具及成形模具等，針對每一種模具分別說明於後。

1. 沖剪模具（shearing die）：以剪切作用完成工作的模具，常用的形式有剪斷沖模、下料沖模、沖孔沖模、修邊沖模和整緣沖模等。

2. 彎曲模具（bending die）：將平面胚料彎成一個角度的模具，常用的形式有一般彎曲沖模、捲邊沖模和扭曲沖模等。

3. 引伸模具（drawing die）：將平面胚料製成有底無縫容器的模具，常用的形式有引伸沖模、伸展成形沖模和引縮沖模等。

4. 壓縮模具（compressing die）：利用強大的壓力，使金屬胚料流動變形，成爲所需形狀的模具，常用的形式有端壓沖模、擠製沖模、壓花沖模及壓印沖模等。

5. 成形模具（forming die）：用各種局部變形的方法，改變胚料形狀的模具，常用的形式有圓緣沖模、鼓脹沖模、頸縮沖模及孔凸緣沖模等。

若依一副模具可完成之工序數分類，沖壓模具可分爲單工程模具和多工程模具兩種，針對每一種模具分別說明於後

6. 單工程模具或簡單沖模（simple die）：每一衝程僅能完成一種單獨操作的模具，如圖 3-22 所示。

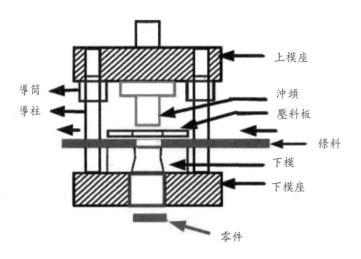

圖 3-22　單工程模具

7. 多工程模具或組合模具（combination die）：將數個單工程沖模組合在一起，使每一衝程同時完成數種操作的模具。依組合方式不同，可區分為複合沖模、連續沖模和傳遞沖模等三種。

(1) 複合沖模（compound die）：在不改變胚料的位置，使每一衝程同時完成兩個或兩個以上的不同操作之模具，如圖 3-23 所示。

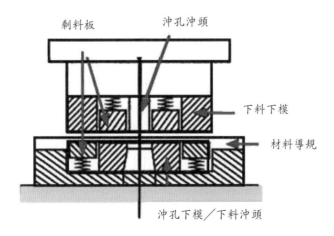

圖 3-23　複合沖模

(2) 連續沖模（progressive die）或級進沖模：係在每一衝程中將胚料從一個位置移至次一個位置，以完成兩個或兩個以上操作之模具，如圖3-24所示。

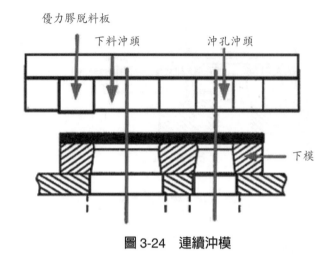

圖 3-24　連續沖模

(3) 傳遞沖模（transfer die）：將胚料藉著傳遞機構在數個工作站（例如引伸、再引伸、沖孔和整緣）傳遞，而完成製品的模具，如圖 3-25 所示。

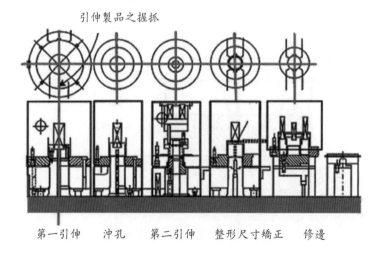

圖 3-25　傳遞沖模

3.4.2 沖壓模具構造

沖壓模具依產品需要不同，構造繁簡各異。圖 3-26 表示沖壓模具的構造，針對主要組成零件的功能分別說明如下。

1. 模柄：將上模安裝在沖床滑塊的零件。

2. 上模座：維持上模結構的模板，做為所有上模零件安裝的基礎。

3. 沖背板：承受沖頭及入子、套筒等嵌入件所承受的軸向壓力。

4. 沖固板：固定沖頭的模板。

5. 脫料板：除了將材料由沖頭上脫開，也可在加工過程中壓住料條，抑制部分材料變形。

6. 沖頭：做成與成品相同的外形，在材料上加壓成形。

7. 母模板：母模板可直接做為母模，或是供固定入子之用。

8. 下模板：固定下模所有零件的模板，將之安裝在沖床台面上。

9. 外導柱／外導套：用於引導上、下模對合的裝置。

10. 內導柱／內導套：位於上下模板間，做為加工精度確保的導引裝置。

11. 脫料板螺栓：用以保持脫料板可作動的零件。

12. 脫料板彈簧：提供脫料板的力量。

13. 止推螺栓：用於固定及調整彈簧長度的零件。

14. 定位銷：用於保持模板間定位精度的零件。

15. 母模入子：與沖頭成對的成形工具。

16. 母模背板：分散承受母模受壓的模板。

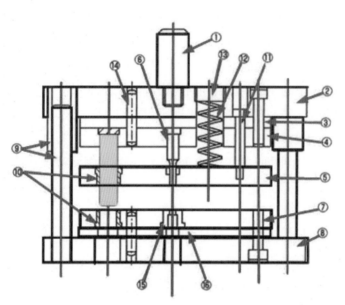

1. 模柄
2. 上模座
3. 沖背板
4. 沖固板
5. 脫料板
6. 沖頭下模板
7. 母模板
8. 下模座
9. 主導套／主導柱
10. 副導套／副導柱
11. 脫料板螺栓
12. 彈簧
13. 止推螺栓
14. 定位銷
15. 母模入子
16. 母模背板

圖 3-26　沖壓模具的構造及其零件

習題

1. 何謂沖壓加工？它的加工特性是什麼？

2. 何謂機械式沖床（press）？何謂液壓式沖床（hydraulic press）？兩者有何不同？

3. 依動力源可將沖床分為那幾種類型？

4. 機械式曲軸沖床主要結構有那些？

5. 試述金屬板剪切過程中材料的變化。

6. 厚度 1 mm 之軟鋼板，其剪切強度為 30 kg，若剪切沖頭直徑為 60 mm，試求其剪切力為若干（kg）？

7. 產生不良毛邊的主要因素是甚麼？

4

抽拉加工

抽拉加工

4.1 抽拉加工簡介

4.1.1 抽拉加工發展史

抽拉加工已有悠久的歷史,在西元前二十至三十世紀間即有使用手工抽拉製成金屬細線。在西元前十五至十七世紀間,也有應用在裝飾品的各種貴金屬抽拉線。在西元八至九世紀,各種金屬線已相繼製作出來,初期的抽拉製程係以人力抽拉線徑較為粗大的線材,如圖 4-1 所示。

圖 4-1　人力抽拉加工作業

在西元十四世紀期間,西德紐倫堡(Nuremberg)開始使用伸線板進行抽線作業,如圖 4-2(a) 所示,這是以鞦韆擺動方式進行衝擊抽線作業。圖 4-2(b) 表示在西元十三世紀出現的細線抽線裝置,由轉盤式線軸與抽線板所構成。

圖 4-2　(a) 衝擊抽線及 (b) 細線抽線

在西元十三世紀中葉，德國首先製造水力抽拉機，直到十七世紀，接近現在的單捲筒抽線機問市；在 1871 年時，連續抽線機相繼問世。隨著抽拉技術的發展，1927 年西貝爾及 1929 年薩克斯兩人分別以不同觀點，提出抽拉理論。在 1955 年柯利司托伏松（Ghristopherson）成功研究出強制潤滑抽拉法，同年布萊哈（Blaha）及拉格克樂（Lugencker）發表超音波抽拉法。

近幾十年來，許多新的抽拉法已成功開發，例如高速抽拉加工，並製造出各種高速抽拉機具。同時抽拉加工製品的產量不斷提高，產品的種類與樣式也不斷增多，目前以抽拉加工法生產直徑大於 500 mm 管材及 0.002 mm 細絲線已非困難技術。

4.1.2　抽拉加工的意義與種類

對材料施加拉力，迫使其通過模孔，以獲得所需斷面形狀與尺寸的塑性加工法，謂之為抽拉加工（drawing），如圖 4-3 所示。抽拉加工常用於棒材、線材、與管材等素材胚料的生產製造。抽拉加工依製品的斷面形狀可分為下列兩種，即實心抽拉加工和空心抽拉加工，如圖 4-4 所示，針對每一種加工法說明於後。

胚料
模具
製品
拉力方向

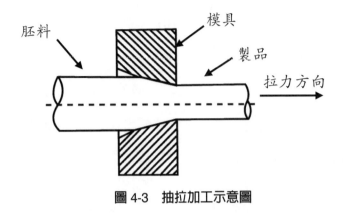

圖 4-3　抽拉加工示意圖

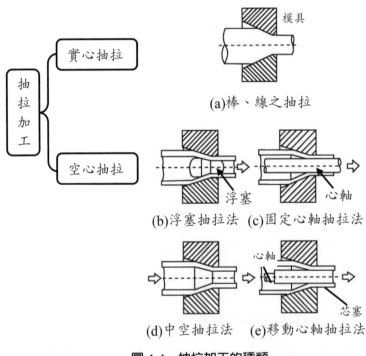

抽拉加工

實心抽拉

模具

(a)棒、線之抽拉

空心抽拉

浮塞

心軸

(b)浮塞抽拉法　(c)固定心軸抽拉法

心軸

芯塞

(d)中空抽拉法　(e)移動心軸抽拉法

圖 4-4　抽拉加工的種類

　　1. 實心抽拉：抽拉加工的胚料為實心斷面，包括棒材、型材和線材的抽拉，圖 4-5 表示各種抽拉鋼線的斷面與用途，隨著工業的發展，各種細線的應用也越來越廣，如表 4-1 所示。

斷面	稱呼	用途	斷面	稱呼	用途	斷面	稱呼
	圓			梯形	彈簧		菱形
	橢圓	機械部件		半圓梯形	針布		凹矩形
	半圓	建築工具		凹半圓	建築工具		D 型
	扇形	鋼纜		扇梯形	鋼纜		H 型
	流線形	航空機		四角星狀	鋼纜	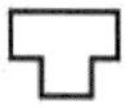	T 型
	三角	工具鋼纜		六角星狀	鋼纜		U 型
	角	建築工具		鼓形	鋼纜		X 型
	平	捲軸用彈簧		Z 線	鋼纜		有溝矩形
	四腳	工地鋼纜		小齒輪	齒輪	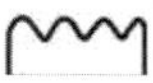	有溝矩形

圖 4-5　各種抽拉鋼線的斷面及其用途

表 4-1　金屬細線的特徵及用途

特性	用途	實例	細線材質
高抗拉強度 高剛性	ERP 纖維補強無機材	纖維補強塑膠 纖維補強混凝土及 灰泥（mortar）纖維補強陶瓷	銅、不鏽鋼
可動性	紡系、織布	耐熱布	不鏽鋼
電氣之良導體	導電性膠布 導電性纖布	面發熱性體、帶電防止、電磁波屏蔽材、電磁波吸收體	黃銅、鋁合金、銅、鋼、不鏽鋼
良導熱性	傳熱性塑膠 散熱、吸熱器	塑膠架構之散熱、導熱管	黃銅、鋼、鋁合金

特性	用途	實例	細線材質
耐磨耗性	磨耗材、軸承材纖維強化金屬	介金屬化合物碟狀式剎車熱片、離合器板	鋼、鑄鐵、黃銅、青銅
耐熱性	磨耗材纖維強化金屬	同上	不鏽鋼、鋼、黃銅、青銅
燒結性	纖維多孔質體軸承材	過濾器、觸媒、含砥石粒之砂輪含固體潤滑材之軸承	不鏽鋼、鎳、鋼、青銅、黃銅、鑄鐵
潤濕性	纖維強化金屬	不銹鋼纖維強化鋁材	不鏽鋼、青銅
高密度	高級質感材	防音材、吸音材	鉛、黃銅、青銅
振動特性	防振材、音響材	防音材、吸音材	鉛、鑄鐵

2. 空心抽拉：抽拉加工的胚料為空心斷面，包括普通管材和空心異形材的抽拉。而管材的抽拉有四種方法：

(1) 中空抽拉（hollow drawing）：僅適用於縮小配料的外徑。

(2) 固定心軸抽拉（fixed mandrel drawing）：不太適合長管的抽拉加工。

(3) 浮動柱塞抽拉（floating plug drawing）：適合細長管之抽拉。

(4) 心軸抽拉（movable mandrel drawing）：是一種管與心軸同時抽拉加工法，加工完成後一同取出。

抽拉加工與其他塑性加工法比較，具有下列特點：

(1) 抽拉製品的尺寸精度高，表面光滑。

(2) 抽拉機具不複雜，維護方便容易。

(3) 適於連續高速生產極小斷面的長製品。

(4) 抽拉之道次變形量與總變形量受到抽拉應力的限制。

4.2 抽拉加工原理

圖 4-6 表示在實心抽拉加工時，材料變形區的金屬所受的外力有抽拉力、模壁施予之正向力和摩擦力，受到此三力的作用，變形區的金屬承受的應力狀態為兩軸向的壓應力與一軸向的拉應力，其變形的狀態為兩軸向的壓應變，與一軸向

的拉應變。抽拉加工前中心軸線上中央部的正方形格子，在抽拉加工後變爲矩形，由此可知，金屬中心軸線上的金屬變形是沿著軸向拉伸，而在徑向與周向受到壓縮作用。

　　反觀，在周邊層外周部的正方形格子，在抽拉加工後變成平形四邊形，由此可見，周邊層上的金屬除了受到軸向拉伸、徑向與周向壓縮變形外，同時產生剪切變形，此係金屬在變形區受到正壓力與摩擦力的作用，而在合力方向產生剪切變形，因而沿軸向被拉長。

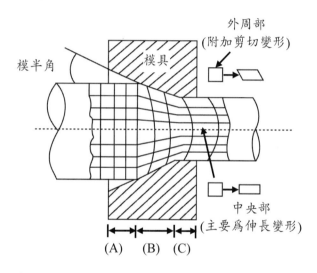

圖 4-6　抽拉加工的受力與變形狀態：(a) 加工前；(b) 加工中；(c) 加工後

　　管材抽拉加工因無棒材抽拉的軸對稱變形條件，其應力與應變狀態與實心抽拉加工不同。變形出現不均勻的現象，其伴隨的剪切變形與剪切應力效應亦較大。管材抽拉時，其管壁厚度在變形區內並非固定，管件的最終壁厚可能變薄、變厚或保持不變。圖 4-7 表示管材抽拉加工的變形示意圖，其主應力仍然是兩軸向的壓應力與一軸向的拉應力狀態；而主變形則是依據壁厚增加或減小，其可能是兩軸向的壓應變和一軸向的拉應變狀態或一軸向的壓應變和兩軸向的拉應變狀態。

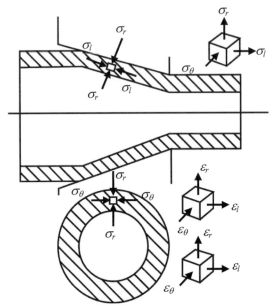

圖 4-7　管材抽拉加工的應力與應變狀態

　　在管材抽拉加工時，變形區的軸向主應力分佈狀態與實心抽拉加工類似，但在徑向上的應力分佈狀態則有明顯的差異。徑向應力（σ_r）是由外表面向中心逐漸減小，至管子內表面時為零，此乃因管子內壁無任何支撐物，使得管子內壁上呈現兩軸向的應力狀態。周向應力（σ_θ）的分佈則是由管子外表面向內表面逐漸增大。

　　管材抽拉變形區的變形狀態是一種 3D 的變形，即軸向拉伸、周向壓縮、徑向拉伸或壓縮，因此空心抽拉的變形特點主要在抽拉過程中壁厚的變化狀況。在塑性變形區內，引起管壁厚度變化的應力是軸向應力和周向應力，若在軸向應力作用下，壁厚變薄；反之，在周向應力作用下，則壁厚增加。另外，管材抽拉加工時，管壁厚度沿變形區的長度方向也有不同的變化，因為軸向應力由模具入口向出口方向逐漸增大，而周向應力卻逐漸減小，兩者之比值亦是由入口向出口不斷減小。因此，管壁厚度在變形區內由模具入口處開始增加，達到最大值後再行減薄，到模具出口處減薄到最小，如圖 4-8 所示，管材最終壁厚，乃取決於增厚與減薄間的差異。

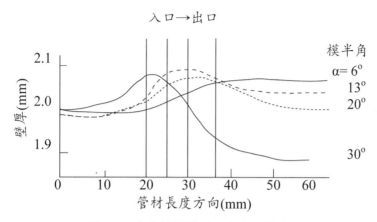

圖 4-8　空心管抽拉時長度與壁厚之關係

4.3　抽拉加工製程

　　抽拉加工製程包含熱處理、去氧化皮、潤滑處理和抽拉作業等步驟，圖 4-9 表示為一般鋼線的基本製造工程，各個工程說明如後。

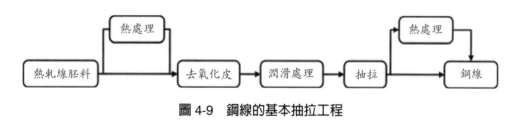

圖 4-9　鋼線的基本抽拉工程

　　1. 熱處理：為使被加工線材有良好的抽拉加工特性和抽拉後所需的性質，在抽拉加工的前、中、後工程，均需進行各種熱處理，例如退火（annealing）、鉛淬火（patenting）、油淬火與回火（oil quenching and tempering）、發藍處理（bluing）。

　　退火是將胚料軟化處理，使其易於抽拉，一般可依需要進行完全退火、低溫退火、球化退火等。鉛淬係為中高碳鋼線材的特有熱處理，使抽拉線材的組織獲得微細且均勻的層狀波來鐵，以提昇抽拉極限，獲致優良機械性質的製品。而由

回火是使碳鋼線材獲得適當強度之麻田散鐵組織。至於發藍熱處理則是將線材再加熱,使彈性限較低的鋼線,藉應變時效加以改善,因處理後出現藍色的氧化顏色,故稱之為發藍。

2. 去氧化皮:因為氧化皮層堅硬,不利於抽拉,故在抽拉加工前,須完全去除。

一般去氧化皮的方法有化學法和機械法兩種,其中化學法是以硫酸或鹽酸等強酸,利用溶解除去氧化皮。通常酸的濃度及溫度愈高時,酸洗時間愈短。硫酸酸洗法在常溫的反應速度慢,一般在 60 ～ 85℃進行,而鹽酸酸洗時容易氧化,故常在 20 ～ 40℃使用。酸洗設備有分批式與連續式兩種,傳統分批式酸洗裝置常有酸洗不均的現象,可使用振動酸洗裝置,藉著振動作用,讓酸液均勻滲入盤捲的內外部,以有效縮短酸洗時間。

至於利用機械法除去氧化皮,具有無公害、去皮時間短、成本低、且容易與抽拉加工製程連線等特點。機械法雖然很多種,主要是反向彎曲、珠擊、噴砂等。反向彎曲法是將線材胚料經由一系列輥子進行彎曲,對表面施加拉伸與壓縮效應,以剝離硬質的氧化皮,通常將伸長率定在 8~9% 即可。珠擊法係使用許多硬化鋼珠,以高速噴射到被加工線材表面去除氧化皮。因其去皮效果佳,但設備費用較高,通常用於除去反向彎曲法不易處理的合金鋼或經熱處理線材的氧化皮;而其殘留的珠擊凹痕不利品質提昇,主要用於粗徑的磨光棒材的去除氧化皮工程。而噴砂法則是以壓縮空氣,將各種磨料噴出噴嘴,高速撞擊被加工線材,而去除氧化皮。此種方法可用於大多數的鋼材,處理後的工件表面頗細緻,同時線材的潤滑效果亦佳,但因需求大量壓縮空氣,電力耗費大,成本高,設備費也較反向彎曲法為高。

3. 潤滑處理:為輔助潤滑劑導入抽拉加工的抽線眼模,及形成強固的潤滑皮膜,在去氧化皮後的線材表面,需實施皮膜化成處理(conversion couting),例如磷酸鹽、草酸鹽等皮膜化成處理,如表 2 所示。

在抽拉加工過程中,抽線用潤滑劑可防止胚料與抽拉模直接接觸而燒灼,以維持穩定的抽拉狀態。依抽拉時的形態區分,潤滑劑可分為三大類,即乾式潤滑劑、濕式潤滑劑與油性潤滑劑,應具有高溫不會發生劣化、耐高壓且不使線材與模具發生融著和後處理時易於除去潤滑皮膜等特性。

4. 抽拉作業：抽拉作業一般是利用抽線機，使線材通過抽線眼模，將其斷面尺寸或形狀逐漸縮小或改變。

表 4-2　各種皮膜化成處理法

皮膜化成 處理種類	皮膜狀況	處理溫度（℃）	處理時間（min）	適用材料
磷酸鋅	灰黑色結晶皮膜	60～90	3～15	碳鋼、低合金鋼
草酸鐵	暗綠色結晶皮膜	90～100	5～10	不銹鋼
氧化銅	黑色非結晶皮膜	80～100	3～5	銅及銅合金
氧化亞銅	紅褐色結晶皮膜	90～100	5～10	
氟化鋁	灰白色結晶皮膜	90～100	1～3	鋁及鋁合金

4.4　抽拉加工機具

使線材、棒材、管材等通過抽拉眼模，以縮小其斷面，製成所需形狀大小及性質的線、棒、管等機械，謂之為抽拉加工機具或抽拉機械。抽拉加工機具一般分為二類，即抽拉加工機（或抽拉機）和抽線加工機（或抽線機），如圖 4-10。

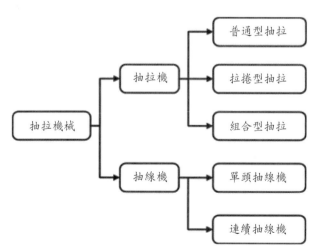

圖 4-10　抽拉加工機具之種類

抽拉加工

　　抽拉機是用於將線材、棒材、管材等抽拉成直線狀，且其斷面較大的棒、管等的機械。依拉伸力量來源不同，抽拉機又分為鍊條式、油壓式、齒條式、鋼索式等。圖 4-11 和圖 4-12 分別表示鍊條式和油壓式抽拉機，其中鍊條式抽拉機的抽拉力在 40 MN 以上，且其抽拉速度達到 120～190 m/min，而拉引車返回的速度可達 360m/min。為提高生產效率及抽拉製品品質，可有抽拉、矯直、切斷、磨光等結合成一系列的組合式抽拉機，如圖 4-13 所示。

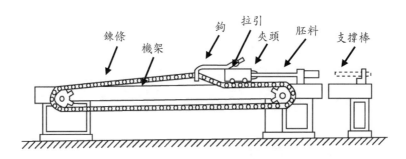

圖 4-11　鍊條式抽拉機

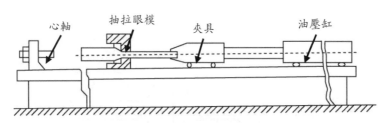

圖 4-12　油壓式抽拉機

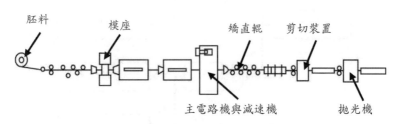

圖 4-13　組合式抽拉機

用於生產線材的抽拉加工機具稱之為抽線機，抽線機又分為單頭抽線機和連續抽線機，前者為線材經過抽線眼膜一次，即行捲取之抽線機，如圖4-14所示。

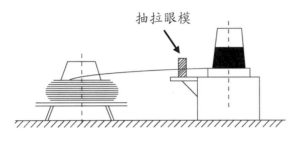

抽拉眼模

圖4-14 單頭抽線機

連續抽線機是由數台單頭抽線機串聯排列組成，線材連續通過數個抽線眼模，進行斷面逐漸減小的連續抽拉加工作業。依體積不變原理，在兩個模具之間的捲筒以不同的定圈數，將抽線纏繞在每個捲筒上，以保持應有的抽拉力。又依抽拉時線材與絞盤間的運動速度關係，連續抽線機可分為無滑動式與滑動式兩種。無滑動式連續抽線機係指捲筒之間沒有相對滑動，如圖 4-15 所示；在滑動式的連續抽線機，除最後的收線盤外，線與捲筒圓周的線速度不相等，即存在滑動的現象，如圖 4-16 所示。

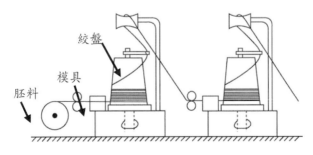

絞盤
模具
胚料

圖4-15 無滑動式連續抽線機

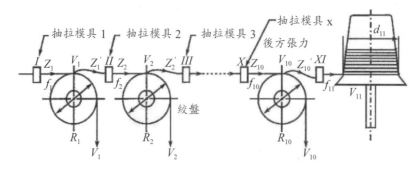

圖 4-16　滑動式連續抽線機

4.5　抽拉加工模具

　　依模孔斷面形狀不同，普通抽拉加工用模具可分爲錐形模及圓弧模，如圖 4-17 所示。圓弧模通常僅用於細線的抽拉，而棒、管、型材和粗線則以使用錐形模較爲普遍。圖 4-18 爲普通抽拉加工用錐形模的構造，其由四個部分構成，即入口部、漸近部、軸承部、和背隙部，各部分之主要功能說明於後。而一般抽線模各部分幾何形狀的設計，如表 4-3 所示。

　　1. 入口部（entry）：功用是導入胚料及潤滑劑，其錐角的選擇應適當，角度過大將使得潤滑劑留存不易，而影響潤滑效果；角度太小，則因抽拉產生的殘屑、粉末不易隨潤滑劑移除，導致製品表面刮傷、拉斷等缺陷。

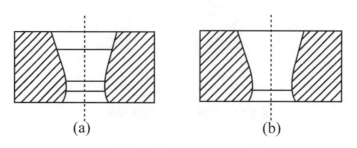

圖 4-17　抽拉加工用模具：(a) 錐形模和 (b) 圓弧模

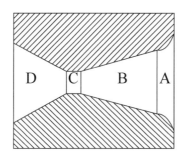

A：入口部
B：漸進部
C：軸承部
D：背隙部

圖 4-18　抽拉加工錐形模的構造

表 4-3　一般抽線模各部分形狀之設計

名稱　　線種	硬質線	軟質線	鍍黃銅線
入口部	以 60 ～ 70° 形成圓角		
漸近部	12 ～ 14°	14 ～ 16°	11 ～ 13°
軸承部	孔徑 5mm 以下時，長為 0.5D；5mm 以上則為 0.3 ～ 0.1D		
背隙部	角度 60 ～ 70°，背隙長度為 H/20		

2. 漸近部（approach）：使胚料產生塑性變形，並獲得所需的形狀與尺寸。漸近部的長度應大於抽拉時胚料變形區的長度，否則當抽拉製品與模孔不同心時，可能會在漸近部以外發生變形的現象。漸近部的模角亦是抽拉模的主要參數之一，模角過小，將使胚料與模壁的接觸面積增大；模角過大，也會因胚料在變形區的流線急遽轉彎，增加額外的剪切變形，導致抽拉力與非接觸變形增大。另外，模角過大時，潤滑劑易於從模孔中被擠出，而使潤滑效果降低。

3. 軸承部（bearing）：又稱為定徑部，主要是使抽拉製品進一步獲得穩定而精確的形狀與尺寸。軸承部的合理形狀是柱形，而其設計的直徑應考慮製品公差、彈性變形及使用壽命等。

4. 背隙部（back relief）：背隙部是防止抽拉製品出模孔時，不被刮傷，且避免軸承部出口端因受力而引起剝落。

在抽拉過程中，模具受到很大的摩擦，尤其是抽線時，因抽拉速度極高，模

具的磨損很快。因此，抽拉加工用的模具材料必須具有高硬度、高耐磨耗性、足夠的強度等特性。常用的抽拉模具材料有金鋼石、硬質合金、工具鋼、鑄鐵等，其中金鋼石的硬度最高，且耐磨性高，但其材質相當脆。硬質合金乃是以碳化鎢為基材，以鈷作為結合劑，經燒結而成的一種特殊合金。工具鋼除經熱處理外，還可鍍鈷以提高使用壽命。鑄鐵雖因製作容易，且價格低，但其硬度及耐磨性較差，故僅適於規格大、批量少的抽拉加工。

　　為減少模具與被抽拉金屬間的摩擦及拉力，增加抽拉加工的效率，以獲得高速抽拉作業，所發展出的輥輪抽拉模具，如圖 4-19 所示。此種模具具有下述的優點。

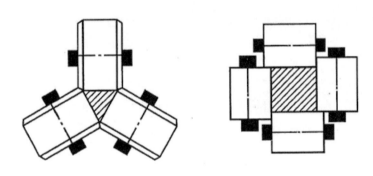

圖 4-19　輥輪抽拉模具

- 可增加每道次的抽拉減縮率約 30 ～ 40%。
- 減少動力的消耗。
- 延長模具的壽命。
- 改變輥輪間距即可獲得不同斷面的抽拉加工製品。

　　圖 4-20 表示一種旋轉的抽拉模具，利用渦輪機構，帶動內套和模具旋轉。因其在抽拉時，模面壓力的分佈相當均勻，進而增長模具的使用壽命，且能減小線材的橢圓度，故廣泛應用於連續抽線機。

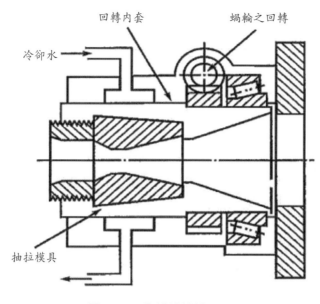

回轉內套

蝸輪之回轉

冷卻水

抽拉模具

圖 4-20 旋轉抽拉模具

習題

1. 何謂抽拉加工？試述之。

2. 試述抽拉加工之特徵。

3. 試述抽拉作業前之線材處理過程。

4. 試述抽線用錐形模之構造，並說明其對抽拉作業之影響。

5

輥軋加工

學 習 重 點

　　由使用鐵槌加工金屬塊材發展至使用壓軋機加工已是十五到十六世紀之事，當時主要是壓軋貨幣和裝飾品之用，如圖 5-1 所示。至十九世紀，由於蒸氣機械發達，輥軋及軋機支架漸漸大型化，甚出現 300HP 以上之壓軋機。近幾年隨著鋼鐵使用量的增加，輥軋工廠之規模隨之增加。演進至二十世紀，輥軋加工是以鍍錫鐵皮、腳踏車、鐵路用材料、和建築用材料等為主，因大量使用而逐漸發達起來。

圖 5-1　早期輥軋加工之應用

5.1　輥軋加工定義

　　輥軋加工係將金屬錠塊置於兩個相對轉動之輥輪模具（roller die）之間，藉著軋輥之迴轉與施加力量，使材料因摩擦力而前進，同時發生塑性變形，經過多道次輥軋，使其斷面變小、而長度增加，最後達到所需的板狀、桿狀或其他特殊形狀之加工法，如圖 5-2 所示。而其優、缺點簡要列述於表 5-1。

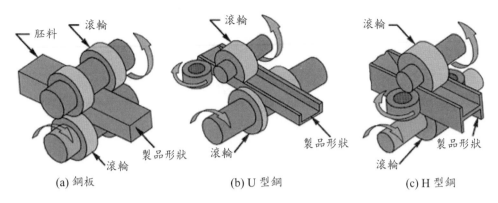

圖	圖	圖
(a) 鋼板	(b) U 型鋼	(c) H 型鋼

圖 5-2 輥軋加工之常見成形品形狀

表 5-1 輥軋加工的優點及缺點

優點	缺點
可使組織晶粒更為緻密	機械設備成本高
材料內部空隙減少	需要作業空間大
材料的抗拉強度提高	消耗能源多
生產速度快,適於大量生產	控制變因多

　　因為輥軋加工是利用兩個反向運動的軋輥迴轉,以連續塑性變形的方式加工,使材料軋薄或改變斷面形狀,適合連續大量生產的成形方法。圖 5-3 表示材料在軋輥前後之組織晶粒的變化,明顯觀察到材料在軋輥前的組織晶粒粗大,經過輥軋加工後,組織晶粒呈現纖維狀(常見於冷作輥軋零件)或細化(熱作常見之情形)的現象。因輥軋加工效率非常高,大約 90% 的塑性加工製品是經由輥軋加工,直接製成成品或半成品。

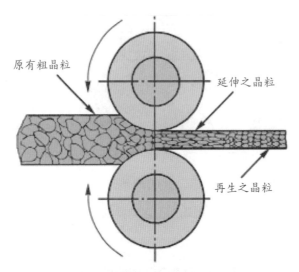

原有粗晶粒

延伸之晶粒

再生之晶粒

圖 5-3　輥軋加工製品斷面之晶粒示意圖

5.2　輥軋加工分類

　　材料於再結晶溫度以上進行輥軋加工，稱之爲熱輥軋（hot rolling）；而在再結晶溫度以下進行者，稱之爲冷輥軋（cold rolling）。若依產品或半產品之形狀，輥軋加工可分爲厚板輥軋、棒材輥軋、線材輥軋、管材輥軋等；又因軋輥的配置不同，再分爲縱向、橫向及歪斜輥軋加工，如圖 5-4 所示。

　　縱向輥軋加工係指加工材料的變形，發生於具有平行軸且旋轉方向相反之兩軸之間，在輥軋加工時，加工材料沿著垂直於輥軋軸之直線方向移動，同時塑性變形亦發生在此方向，此種輥軋加工法最爲常用，約占一般輥軋廠生產量之 90% 左右。橫向輥軋加工則是加工材料僅繞著本身之輥軋軸旋轉，在輥軋加工時，材料之塑性變形主要是發生在平行於輥軋軸的方向，即材料之橫向。歪斜輥軋加工是利用不平行軋輥之配置，使素材不僅可繞著本身之輥軋軸旋動，亦可使其沿該軸移動，此兩項混和運動，使金屬材料沿一螺旋線產生塑性變形。

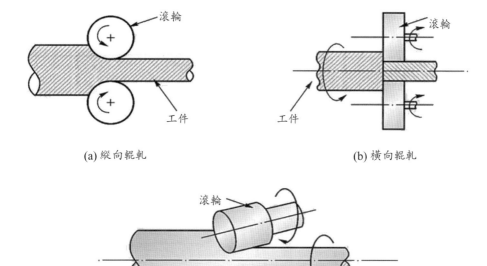

(a) 縱向輥軋　　　　　　　　　　　　(b) 橫向輥軋

(c) 歪斜輥軋

圖 5-4　不同軋輥配置的輥軋加工法

　　以鋼鐵材料為例，目前輥軋加工之素材（或胚料）大都使用連續鑄造法
（continuous casting）製造，如圖 5-5 所示。當熔融金屬流經連續鑄造模具時，
受到外界的冷卻，使其逐漸凝固成為固體金屬，因輥輪持續的旋轉作用，藉著其
和輥輪之間的摩擦力，驅使固體金屬往前移動，故稱之為連續鑄造。為因應二次
加工所需的素材（或胚料）長度要求，在連續鑄造生產線中配置一個切斷裝置，
將連續的條狀鑄錠，裁剪成固定長度之胚料，作為輥軋加工之素材。表 5-2 列出
各種輥軋加工使用之素材及其應用。

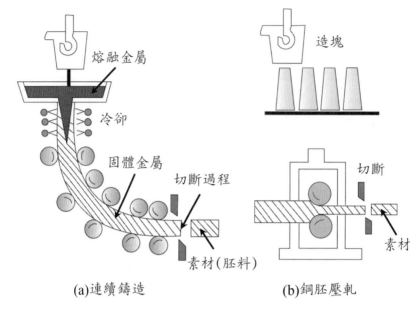

(a)連續鑄造   (b)鋼胚壓軋

圖 5-5　輥軋加工用素材的製造方法

表 5-2　各種輥軋加工之素材及其應用

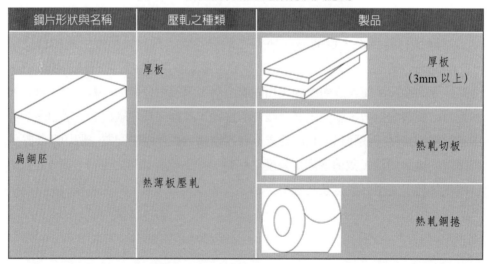

鋼片形狀與名稱	壓軋之種類	製品	
扁鋼胚	厚板		厚板 （3mm 以上）
	熱薄板壓軋		熱軋切板
			熱軋鋼捲

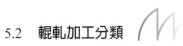

鋼片形狀與名稱	壓軋之種類	製品	
	冷薄板壓軋（素材為熱軋鋼捲）		冷軋切板
			冷軋鋼捲
中鋼胚	萬能壓軋		H(I) 形鋼
	型鋼壓軋		矢鋼板
圓小鋼胚	鑽孔壓軋		無縫鋼管
角小鋼胚	棒、線材壓軋		鋼棒
			鋼線

5.3 輥軋加工原理

5.3.1 基本原理

板材輥軋是最單純之輥軋加工，圖 5-6 表示板材與軋輥間之幾何關係，其中 D 和 R 分別表示軋輥的直徑和半徑；h_1 和 h_2 分別表示入口材料的厚度和出口材料的厚度；b_1 和 b_2 分別為入口材料的寬度和出口材料的寬度；l_d 是接觸長度；α 則是材料的咬入角。兩軋輥之間的間隙稱之為輥縫，而材料與軋輥之間的接觸弧在水平方向的投影長度，稱之為接觸長度。

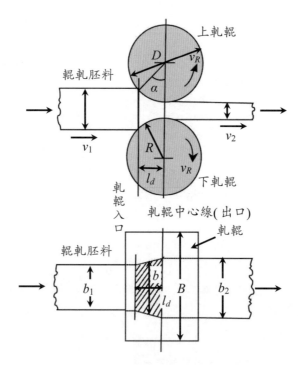

圖 5-6　材料與軋輥間的幾何關係

$$l_d = \sqrt{R\sin(\alpha)}$$

當材料通過軋輥時，材料將產生下列之變形，即高度減少（壓縮）、寬度增

加（展寬）、和長度增加（延伸）。假設輥軋加工前後的材料體積不變，則

$$(h_2/h_1) \cdot (b_2/b_1) \cdot (l_2/l_1) = \gamma \cdot \beta \cdot \lambda = 1$$

其中 γ、β、λ 分別表示輥軋比、展寬比、和延伸比。

圖 5-7(a) 表示在輥軋時胚料變形的流動情況，當變形時，原先材料的垂直面已逐漸彎向，朝向與輥軋反向之方向彎折。在靠近入口平面處，變形僅限於胚料表面附近之局部區域，當胚料通過軋輥時，塑性變形才逐漸深入內部，此表示在輥軋加工中，表面部分的材料之塑性變形較中心部分爲快。另外，圖 5-7(b) 顯示此類變形屬於一種不均一的變形，在入口處及接觸弧中央附近區域皆有非塑性區的存在（圖之陰影處），而圖中的白色區域則爲激烈變形區。

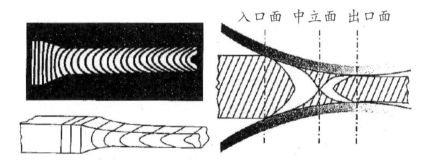

圖 5-7　(a) 胚料在輥軋時的流動情況；(b) 胚料呈不均一的變形

輥軋加工後，板厚之減少量（或減縮量，draft）爲 $\Delta h = h_1 - h_2$，而板厚的減小比率（或縮減率，reduction）爲 $\varepsilon_r = \Delta h / h_1$。當材料進入輥縫時，軋輥與材料接觸部分的中心角稱爲咬入角（或接觸角，grip angle），如圖 5-8 所示。當材料被咬入輥縫時，軋輥施於材料的徑向壓力爲，而此壓力在軋輥切線方向之摩擦力爲 F ($= \mu P_r$)。若摩擦力之水平分力 $F\cos\alpha$ ($= \mu P_r\cos\alpha$) 大於徑向壓力的水平分力 $P_r\sin\alpha$，即 $\mu > \tan\alpha$，則無須施加任何外力，便可將材料引入輥縫進行壓縮變形，此種輥軋加工行爲稱之爲自由輥軋（free rolling）。在輥軋加工時，作用於材料之摩擦力是以中性點爲分界點，在進口區時，摩擦力是沿著材料進行方向，而在

出口區地方，摩擦力則是阻礙材料流出的方向作用。

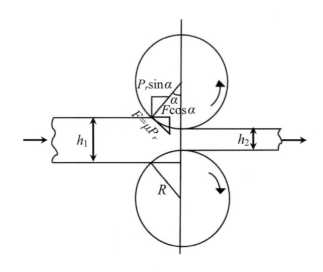

圖 5-8　自由輥軋加工的作用力與咬入角之關係

　　若輥軋加工前後的材料寬度不變，因體積保持不變，則 $h_1v_1 = h_2v_2 = hv_R$，其中 v_1、v_2、與 v_R 分別表示材料的入口速度、出口速度、與輥面速度。當軋輥開始進料時，材料厚度逐漸減小，意味著材料速度將逐漸變大，但因軋輥轉速固定，在入口處附近的材料速度相對於輥面速度發生滯後的現象，導致輥面速度之水平分量 v_g 大於入口材料速度 v_1；而在出口處附近則發生超前現象，即 $v_g < v_2$。而在此兩個現象之間，必有一鄰界部位之中性點（neutral point）或稱為不滑動點（non slip point），在此處，材料以輥面的水平分速度移動，不與輥面做相對滑動。中性點不單是材料與輥子間無相對滑動的地方，更是材料與輥子間摩擦力變換方向之位置所在，如圖 5-9 所示。

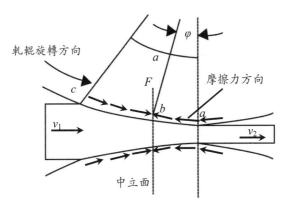

圖 5-9　胚料在輥縫接觸之摩擦力分佈情形

　　圖 5-10 為材料速度與軋輥轉速之關係圖，在軋輥出口處，材料移動速度大於輥面的速度，而此兩速度差與輥面速度的比值稱之為前進滑動（forward slip）或先進滑動率，$S_f = (v_2 - v_R) / v_R$，此值為評定軋輥出口處之材料速度與軋輥轉速差異的指標。一般而言，在軋軋作業時，提高工作溫度將使前進滑動率減小；而增加縮減比及摩擦係數，則會促使前進滑動率增加。

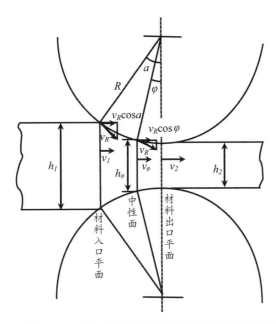

圖 5-10　材料前進速度與軋輥轉速之間的關係

5.3.2 輥軋負荷

　　圖 5-11 表示在輥軋過程中工件承受的壓力分佈，當摩擦係數越小時，中性面（波峰處，即摩擦力轉換的位置）呈現向出口面移動的趨勢；而當摩擦係數為零時，此中性面即位於出口處，而軋輥僅產生滑動。

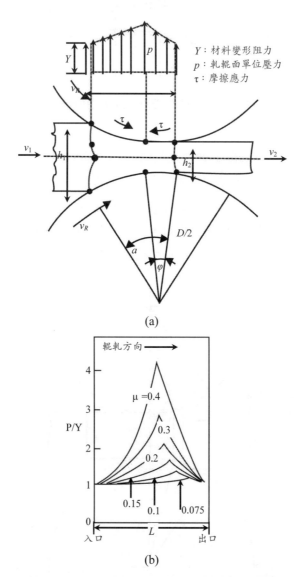

(a)

(b)

圖 5-11　在輥軋過程中的 (a) 壓力之分佈及 (b) 摩擦係數對波峰位置的影響

在輥軋過程中，影響輥軋負荷的因素很多，主要的因素歸納如下：

1. 摩擦：材料與軋輥間之摩擦係數增大，則峰值增高，材料變形阻力提高，平均輥軋壓力增大，負荷亦增大，如圖 5-12 所示。

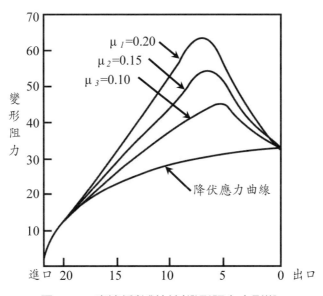

圖 5-12　摩擦係數對材料變形阻力之影響

2. 材料之降伏強度：材料之降伏強度愈高，相對其平均輥軋壓力愈大，輥軋負荷也愈大。

3. 減縮比：縮減量增加，材料的降伏強度則因加工硬化量增大而增大，使平均輥軋壓力增大，且其接觸長度也增加，因而使壓力分佈曲線中之最高壓力隨之提高，負荷將增大，如圖 5-13 所示。

4. 輥軋溫度：輥軋溫度上升，材料降伏強度降低，平均壓力減小，負荷隨之減小。

5. 材料厚度：對於相同之縮減比而言，輥軋材料之厚度愈薄，其平均輥軋壓力愈大，所需之輥軋負荷愈高。

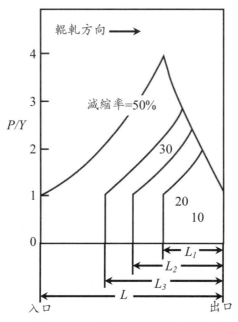

圖 5-13　減縮量對輥軋負荷的影響

6. 軋輥直徑：軋輥直徑愈大，接觸長度愈長，負荷相對愈高，如圖 5-14 所示。

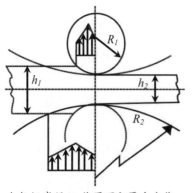

(a)壓力分佈的影響

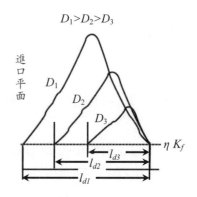

(b)變形阻力的影響

圖 5-14　軋輥直徑對輥軋負荷的影響

7. 張力：前、後張力增加，峰值降低，平均輥軋壓力降低，輥軋負荷隨之減小。

為降低輥軋的負荷，一般使用下列的方法有下述幾種：

1. 降低摩擦力。

2. 降低輥軋每道次的減縮量。

3. 提高輥軋成形溫度。

4. 於輥軋胚料上施加拉伸張力，若可在材料出口處施以一盤捲拉力，即前張力，或在材料入口處施以一抽拉力，即後張力，則將使中性面往出口處移動，且降低輥軋所需之負荷，如圖 5-15 所示。

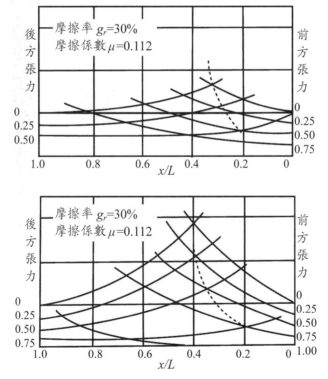

圖 5-15　張力對輥軋負荷的影響

5.4 輥軋產品的缺陷

輥軋製程雖具有高效率、可自動化連續生產等優點，但因製程參數選擇不適宜，亦使得其產品出現缺陷。一般較常導致缺陷的原因為在輥軋過程中，輥軋壓力可能導致輥子產生撓曲變形，使軋製的板材寬度方向之厚度不均一，而衍生產品的尺寸不良等缺陷，如圖 5-16 所示。

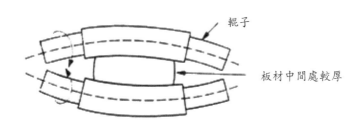

(a) 由輥軋負荷所形成之撓曲變形

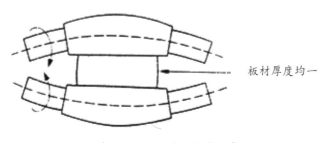

(b) 以中凸補正之輥子輥軋後之情形

圖 5-16　輥子撓曲變形使得板材之厚度不均一

輥軋製品之缺陷有些會出現於產品的表面，但有些則存在於製品的內部，缺陷之存在直接影響到產品之強度、可成形性及其他產品的性質。若在鑄造胚錠時，胚料已存在縮孔、氣孔、砂孔及其他成份的缺陷，均會使輥軋的產品衍生凹線、浮泡等缺陷，如圖 5-17 所示。

圖 5-17　輥軋產品表面之缺陷

　　圖 5-18 為常見的輥軋產品之表面缺陷，其中 (a) 之板緣呈波浪狀，此乃因輥子彎曲變形所致；(b) 與 (c) 之缺陷則主要是材料在輥軋溫度下延性差所致；而 (d) 顯示之夾層情形，則可能是輥軋製程上不均變形所致，或鑄錠內本身已存在之缺陷所造成。

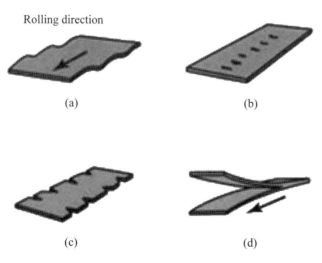

圖 5-18　常見的輥軋產品之表面缺陷

5.5 輥軋設備

　　輥軋加工所用的設備稱爲輥軋機，輥軋機可由單一個機座或一系列的機座所構成，而輥軋機組的構成系統則爲軋輥與機架的組合體，其由各類型軋輥及保持軋輥的機架、調整軋輥間隙的調整裝置、轉動軋輥用之軸聯結器、心軸、小齒輪及馬達、軸承等構成，如圖 5-19 所示。

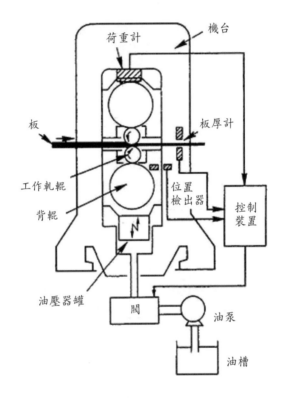

圖 5-19　輥軋機組的構成系統

5.5.1 輥軋機的種類

　　輥軋機組的種類依軋輥的數目與排列方式可分爲二重式機組、三重式機組、四重式機組、六重式機組、與叢集式機組等，如圖 5-20 所示。二重式機組是最早期且最簡單的形式，但因工件需重複地調回，故較耗費工時。三重式機組

又稱為反轉機組，每完成一道次的輥軋加工，需藉助升降機將工件升降至另一輥縫中，並改變材料進行的方向。通常二重式及三重式機組較適用於開胚輥軋或一般之粗輥軋。

　　四重式、六重式和叢集式機組乃是基於軋輥直徑較小，所需之輥軋負荷較小的原理發展而來。但因工作軋輥直徑較小，材料減縮量不大，故此類輥軋機組大多使用在冷輥軋或熱輥軋的精軋作業。也因其工作軋輥小而細長，促使中間部位變形變大，因此在其背後須添加一支支撐輥子，使其不致產生撓曲變形，此即四重式機組的產生原因。又因為輥軋負荷水平分力，會造成四重式機組之工作軋輥在水平方向的撓曲，為了使工作軋輥獲得適當支撐，於是在背後再加裝二支支撐軋輥，此即形成六重式機組。

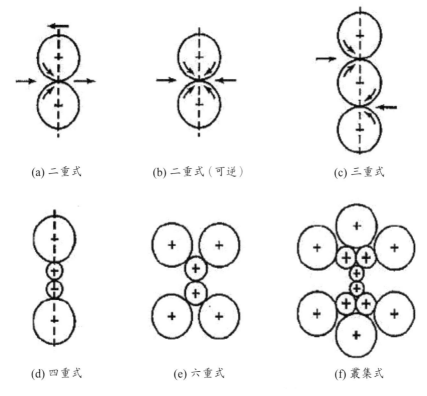

(a) 二重式　　　　　(b) 二重式（可逆）　　　　(c) 三重式

(d) 四重式　　　　　(e) 六重式　　　　　　(f) 叢集式

圖 5-20　輥軋機組的種類

表 5-3 為列出各種輥軋機組的工作原理及其特點，並說明不同機組之優缺點比較。

表 5-3　各種輥軋機組比較

	二重往復式	三重往復式	四重式或叢集式	行星式
工作原理與特色	單次走完，調間距，反向運動	備有升降工件之升降機構，材料作連續輥軋	利用背托輥輪增大各方向之抵制壓力	利用小行星軋輥進行輥軋工件
優點	間距可調，可變性大，能製作各種尺寸	消除輥輪慣性，生產速度提高，製造費用降低	工作能量增大	接觸面積小，輥軋效率高，其斷面縮減比達 25：1
缺點	反向輥軋，需克服慣性力。回程溫降，可能無法輥軋。不適過長工件	工件通過輥模間的時間不易配合		有效摩擦不足，無法將材料咬入，故須有進料輥輪，幫助材料前進

六重式機組由於幾何關係，使得支撐輥軋的直徑限制在工作軋輥的兩倍左右。但在冷作輥軋加工的場合，常要對薄且硬的金屬材料進行輥軋，而需要使用非常小的工作軋輥，此時可能使其後的支撐軋輥，也連帶地因直徑過小有撓曲之虞，因而需要再加一組支撐軋輥以支持此支撐軋輥，於是有叢集式機組的應用，如圖 5-21 所示。

圖 5-22 表示一種行星式輥軋機組，其工作原理為驅動一對大直徑的支撐軋輥轉動時，於其圓周邊上的多個行星工作軋輥，同時輥軋金屬材料。行星工作軋輥係指在支撐軋輥周圍的小軋輥，以保持器固定並隨支撐軋輥轉動的小直徑輥子。由於小直徑輥子與材料之接觸面積小，可更有效地將輥軋負荷傳遞至材料上，於是上下成對之行星工作軋輥依次嵌入金屬材料內，將材料軋成板條狀。

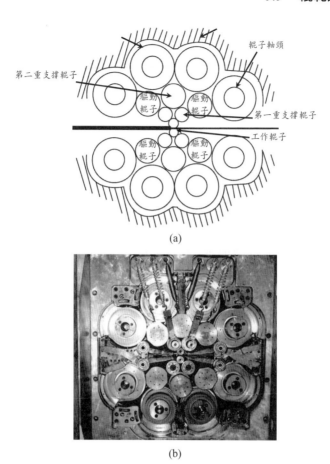

(a)

(b)

圖 5-21　叢集式輥軋機組：(a) 示意圖；(b) 實際機組

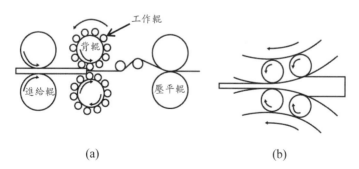

(a)　　　　　　　　　　　　　(b)

圖 5-22　行星式輥軋機組：(a) 軋輥配置；(b) 軋輥作動情況

127

行星輥軋機組因工作軋輥作用，抑制工件的拉伸應力，使得傳統輥軋較難加工之材料亦可輥軋，且一般材料之輥軋減縮比亦不遜於傳統輥軋。但此種機組因行星工作軋輥無法與材料產生有效地摩擦，而無法將材料咬入進行自由輥軋，故須有進料軋輥幫助材料前進，且其輥軋後的材料表面常呈現波浪狀，需再經精軋機組，將表面軋平以獲得較為平整的表面。

5.5.2 多道次串聯輥軋加工

胚料從輥軋機組的一側通過至另一側稱之為一道次，一般輥軋加工從胚料至成品需經過多道次的加工，因此需將數個機組依序排列，如圖 5-23 所示。通常可將其排列分為並列式軋列與排列式軋列兩種，前者常用於型材、棒材之輥軋，後者則應用於鈑材、棒材、線材的輥軋作業，而將兩者結合在一起之混合式軋列則常用於各種輥軋製品的製程上。

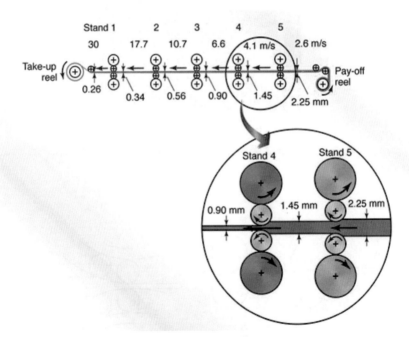

圖 5-23　多道次串聯輥軋加工

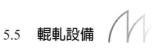

習題

1. 何謂輥軋加工？

2. 試述輥軋加工具有那些優缺點？

3. 試述熱作輥軋加工與冷作輥軋加工的特性？

4. 請列舉 5 種輥軋加工的產品？

5. 請問輥軋機組之種類大致可分那幾種？

6. 試描述各種輥軋機之特性及其優缺點比較？

7. 何謂輥軋複合成形技術？試述之。

6

引伸加工

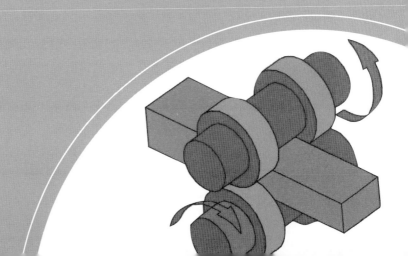

6.1 引伸加工簡介

引伸（drawing）是將板料沖壓成有底之空心件的加工方法，利用此方法生產之製品種類繁多，圖 6-1 表示各種直壁類或曲面類的引伸製品，製品尺寸可由直徑數公釐至 2～3 公尺、厚度 0.2～300 mm 等，在汽車、飛機、鐘錶、電器、及民生用品等領域均有廣泛的應用。

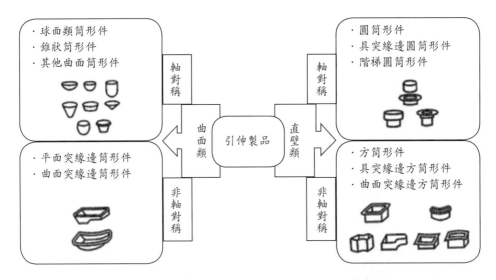

圖 6-1　各種引伸加工之直壁類及曲面類製品

引伸加工係將圓形胚料在沖頭的加壓作用下，逐漸在下模間隙間變形，並被拉入下模穴，形成圓筒形零件，如圖 6-2 所示。在引伸的過程中，由於板料內部的相互作用，使各個金屬小單元體之間產生了內應力，在徑向產生拉伸應力，圓周方向則產生壓縮應力，在這些應力的共同作用下，邊緣區的材料在發生塑性變形的條件下，不斷地被拉入下模穴內而成為圓筒形零件。

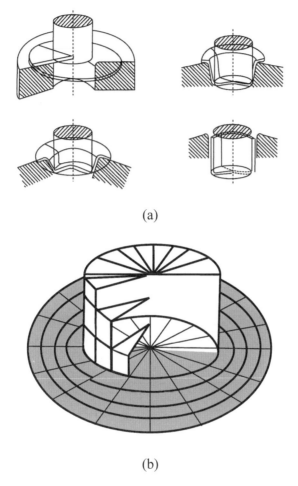

(a)

(b)

圖 6-2　引伸加工之工作原理：(a) 板料變形；(b) 材料流動情形

　　圖 6-3 表示為圓筒件在引伸加工時之應力應變狀態，顯示在板料的突緣區（平面突緣部份）係產生徑向拉應力及切向（圓周方向）壓應力，並在徑向與圓周方向分別產生伸長及壓縮變形，厚度則稍有增加，在突緣外緣增加最大。在過渡區（突緣圓角部份），即下模圓角處的板料除受到徑向拉伸外，同時亦產生塑性彎曲，使板厚減小，當下模圓角半徑小到某一數值時，因彎曲變形頗大而將會出現彎曲破裂。在傳力區（筒壁部份），因材料在離開下模圓角後，產生反向彎曲（校直），圓筒側壁受到軸向拉伸，其筒壁厚度將呈現上厚下薄的現象。而在

第二過渡區（底部圓角部份）一直承受筒壁傳來的拉伸應力，並且受到沖頭的壓力作用，使此部位的板料薄化最為嚴重，容易有破裂之虞，一般薄化最嚴重是發生在筒壁直段與下模圓角交接區域。在不變形區（圓筒底部份）則是處於雙向拉伸，但拉伸受到沖頭摩擦力的阻止，故薄化很小，一般可將其忽略。

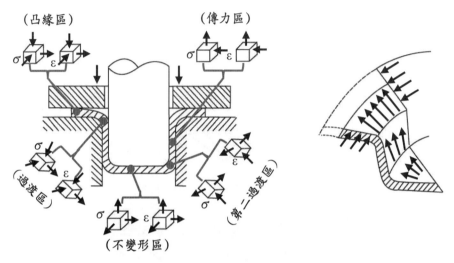

圖 6-3　圓筒件引伸時之應力與應變狀態

工件在引伸加工後，底部的厚度略有變薄，筒壁上段增厚，愈往上緣增厚愈大，筒壁下段變薄，愈靠圓角變薄愈大，而由筒壁向底部轉角稍上處，出現嚴重變薄，甚至可能會斷裂。沿著高度方向，工件各部分的硬度亦不同，愈到上緣的硬度愈高，如圖 6-4 所示。

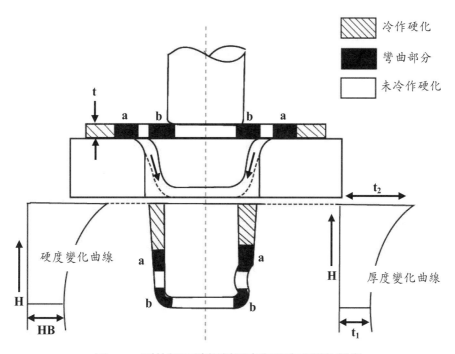

圖 6-4　引伸加工時板料厚度與硬度之變化狀態

6.2　引伸加工分類

　　引伸加工之方法可分為：(1) 使用沖頭、模具、胚緣壓皺板之複動式引伸加工法與 (2) 單使用沖頭與模具，而不使用壓皺板之單動式引伸加工法兩種，又以一般複動式引伸加工法之應用較爲廣泛。這類加工方法通常是將模具安裝在沖壓機械進行加工的方法，或者將沖頭或沖模，改用橡膠（或液體）或採用爆炸之能量，而不使用沖壓機械，進行成形之加工法。此外，也有使用旋轉機械，連同模型（form）與胚料板旋轉，再以壓具或軋輥，將胚料板壓緊在模具上，施行加工之旋壓成形加工（spinning），亦被廣泛地應用。

　　在引伸加工中，金屬板受到各種不同形式的變形，依據變形形式的不同，引伸加工可概分爲下列四種，即 (1) 引伸成形、(2) 伸展成形、(3) 延伸凸緣（flange）成形、和 (4) 彎曲成形。爲符合引伸加工的成形條件，金屬板成形所需要之性質，稱之爲材料成形性。此可先將圓板毛胚事先刻予同心圓之刻劃，用

以測定工件經引伸加工後之同心圓的變化情形，即可獲得圓周方向之應變情況。圓板工件經引伸加工後，若在圓周方向之應變成屬於負成形者，稱之為引伸成形；反之，在圓周方向之應變為正者，則稱之為伸展成形（stretch forming）。

6.3　引伸加工能量

引伸力與引伸功是作為選擇引伸設備與引伸模具設計的重要依據。在引伸加工中，沖頭所需施加的壓力即為引伸力，而引伸力的決定是以引伸件的危險斷面所產生的拉伸應力必須小於該斷面的材料破斷強度為準則。惟由於影響引伸力及危險斷面之破斷強度的因素很多且複雜，使用理論公式計算的引伸力往往與實際情況有差異，故一般引伸加工的引伸力常利用經驗公式估算之，如表 6-1 所示。除此之外，壓料力亦扮演重要角色，因壓料力太大，不但增加引伸設備的負荷，也可能使製品薄化或破裂；但壓料力如果太小，即無法達到應有的壓料效果，因而使製品在圓周方向產生皺紋。

表 6-1　引伸力之經驗公式

有壓料板	1. 首次引伸：$F_D = \pi d_1 t \sigma_b K_1$ 2. 再引伸：$F_D = \pi d_1 t \sigma_b K_2$
無壓料板	1. 首次引伸：$F_D = 1.25\pi(D - d_1)t\sigma_b$ 2. 再引伸：$F_D = 1.3\pi(d_{n-1} - d_1)t\sigma_b$ 3. 引縮：$F_D = \pi d_n(t_{n-1} - t_1)\sigma_b K$ 4. 矩形或正方形引伸：$P_D = P_y + P_b = (0.5 \sim 0.8)Lt\sigma_b$
公式符號意義	F_D：引伸力（N） L：引伸件周長（mm） t：板料厚度（mm） D：胚料直徑（mm） $d_1 \cdots d_n$：各道次引伸後的直徑（mm） $t_1 \cdots t_n$：各道次引伸後的壁厚（mm） K_1 和 K_2：修正係數（如表 6-2 所示） σ_b：材料極限強度（MPa） K_3：修正係數，黃銅：$K_3 = 1.6 \sim 1.8$ 　　　　　　　　　銅：$K_3 = 1.8 \sim 2.25$ F_y：矩形（或正方形）角部引伸力（N） F_b：矩形（或正方形）側壁彎曲力（N）

表 6-2 計算引伸力經驗公式的修正係數

首次引伸之引伸率 m_1	修正係數 K_1	再引伸之引伸率 m_n	修正係數 K_2
0.55	1.0	-	-
0.57	0.93	-	-
0.60	0.86	-	-
0.62	0.79	-	-
0.65	0.72	-	-
0.67	0.66	-	-
0.70	0.60	0.70	1.0
0.72	0.55	0.72	0.95
0.75	0.50	0.75	0.90
0.77	0.45	0.77	0.85
0.80	0.40	0.80	0.80
-	-	0.85	0.70
-	-	0.90	0.60
-	-	0.95	0.50

引伸功亦是選擇引伸沖床的重要依據，圖 6-5 表示引伸力與沖頭行程的關係，在此曲線以下的面積即表示引伸功，其可利用經驗公式計算之，即

$$E_D = C \times F_{max} \times h \times 10^{-3}$$

其中，E_D 表示引伸功（J）；C 為引伸率有關之係數，如表 6-3 所示；F_{max} 為最大引伸力（N）；h 則是引伸深度（mm）。

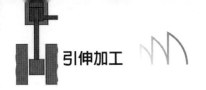
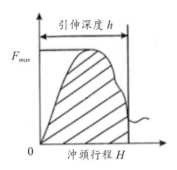

圖 6-5　引伸力與沖頭行程之關係

表 6-3　計算引伸功之係數 C

引伸率（m）	0.55	0.60	0.65	0.70	0.75	0.80
係數 C	0.8	0.77	0.74	0.70	0.67	0.64

6.4　引伸加工原理

　　在進行引伸加工前，需依據製品的形狀與高度等要素給予展開，計算求得胚料的尺寸，作為準備材料及模具設計的參考。在進行引伸胚料展開時，可利用近似的數學方法或圖解予以完成，譬如面積法、簡易圖解法、重心法、部份面積法、輪廓作圖法等。其中面積法是假設引伸完成的製品與胚料厚度不變，即製品的表面積與胚料的表面積必須相等。以圓筒件為例，製品與胚料兩者間的尺寸關係為

$$\frac{\pi D^2}{4} = \frac{\pi d^2}{4} + \pi dh$$

其中 D 表示胚料的直徑；d 和 h 分別為圓筒的直徑與高度，如圖 6-6 所示。因此，展開後之胚料直徑為

$$D = \sqrt{b^2 + 4dh}$$

上式適用於較薄的板料，且筒壁與筒底接合隅角較小的情況。當接合隅角較大時，胚料的直徑應該做適當的修正，如表 6-4 所示。

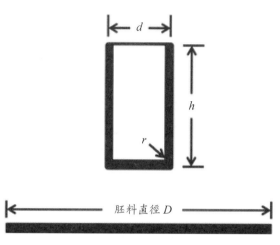

圖 6-6　利用面積法求得胚料直徑

表 6-4　修正的面積法公式

隅角情況	公式
$(d/r) \geq 20$	$D = \sqrt{b^2 + 4dh}$
$15 \leq (d/r) \leq 20$	$D = \sqrt{b^2 + 4dh - 0.5r}$
$10 \leq (d/r) \leq 15$	$D = \sqrt{b^2 + 4dh - r}$
$(d/r) \leq 10$	$D = \sqrt{(d-2r)^2 + 4d(h-r) + 2\pi r(d-0.7r)^2}$

例：欲引伸厚度 1mm，圓筒直徑 50mm，圓筒高度 40mm，角隅半徑 3mm
　　之筒狀製品，試以面積法計算胚料直徑應為多少？

解：已知 $d = 50$mm，$h = 40$mm，$r = 3$mm，$\dfrac{d}{r} = \dfrac{50}{3} = 17$

　　由表 6-4 得知，$D = \sqrt{b^2 + 4dh - 0.5r}$

　　計算獲得 $D = \sqrt{(50)^2 + 4 \times 50 \times 40 - 0.5 \times 3} = 102.5$mm

若遇到複雜的引伸胚料展開時,則可將引伸件分割成便於計算的數個簡單幾何形狀,經計算後加總以獲得最終總面積,再轉換成胚料直徑,表 6-5 指出數個簡單幾何形狀的計算公式。

6.5 引伸加工製程

以圓筒引伸為例,引伸加工的主要變數有下列數項,即:

1. 板料的性質:板料的引伸能力可用極限引伸比(Limiting Drawing Ratio,LDR)表示之,即在板料引伸時不會發生破壞的情況下,胚料直徑 D 與沖頭直徑 (d) 的最大比值,亦即 LDR = 最大值($\dfrac{D}{d}$)。因此,不同材料或板厚在各引伸道次皆有其極限引伸比。

2. 引伸率:引伸後圓筒直徑 (d) 與胚料直徑 D 的比值謂之引伸率(drawing ratio),即 $m = \dfrac{d}{D}$,引伸率表示引伸加工變形程度的指標,其為引伸比的倒數。因此,不同材料或板厚在各引伸道次也皆有其極限引伸率,如表 6-6 所示。由於引伸製品大都需經過多道次的成形,引伸次數的設計就頗為重要。

表 6-5　簡單幾何形狀的計算公式

名稱		簡圖	面積計算公式
1	圓錐		$A = \dfrac{\pi}{2}\, dl$ $A = \dfrac{\pi}{4} d\sqrt{d^2 + 4h^2}$
2	圓錐台		$A = \dfrac{\pi l}{2}\,(d + d_1)$ $(l = \sqrt{h^2 + (d - d_1)}\,)$

名稱	簡圖	面積計算公式
3　球冠（小半球面）		$A = 2\pi rh$ $A = \dfrac{\pi}{4}(S^2 + 4h^2)$
4　球台（球帶）		$A = 2\pi rh$
5　1/4 凸球帶		$A = \dfrac{\pi}{2}r(\pi d_1 - 4r)$
6　1/4 凹球帶		$A = \dfrac{\pi}{2}r(\pi d_1 - 4r)$
7　部分凸球帶		$A = \pi(dl + 2rh)$ $\left(\begin{array}{l}h = r(1 - \cos\alpha)\\ l = \dfrac{\pi r\alpha}{180}\end{array}\right)$
8　部分凹球帶		$A = \pi(dl + 2rh)$ $\left(\begin{array}{l}h = r(1 - \cos\alpha)\\ l = \dfrac{\pi r\alpha}{180}\end{array}\right)$

表 6-6　不同材料或板厚各引伸道之極限引伸率

材料及厚度 （mm）	初次引伸率 $m_1 = d_1/D$（%）	二次引伸率 $m_2 = d_2/d_1$（%）	三次引伸率 $m_3 = d_3/d_2$（%）	四次引伸率 $m_4 = d_4/d_3$（%）
黃銅及銅板				
<1.5	44～55	70～76	76～78	78～80
1.5～3	50～55	76～82	82～84	84～86
3～4.5	50～55	82～85	85～86	86～87
4.5～6	50～55	85～88	88～89	89～90
>6	50～55	88～90	90～91	91～92

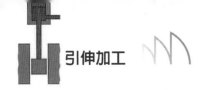

材料及厚度	初次引伸率	二次引伸率	三次引伸率	四次引伸率
（mm）	$m_1 = d_1/D$ （%）	$m_2 = d_2/d_1$ （%）	$m_3 = d_3/d_2$ （%）	$m_4 = d_4/d_3$ （%）
鐵皮及鍍錫鐵板				
<1.5	53～60	75～80	80～82	82～84
1.5～3	53～60	82～85	85～86	86～87
3～4.5	53～60	85～88	88～89	89～90
4.5～6	53～60	88～90	90～91	91～92
>6	53～60	90～92	92～93	93～94
鋁板				
<1.5	58～60	75～80	80～82	82～84
1.5～3	58～60	82～85	85～86	86～87
3～4.5	58～60	85～87	88～89	89～90
4.5～6	58～60	87.5～90	90～92	91～92
>6	58～60	90～92	92～93	93～94

例：將厚度 2 mm 與直徑 100 mm 的鐵板，引伸為直徑 38 mm 之圓筒，試求
其引伸率及所需的引伸次數。

解：查表 6-6 得知，$m_1 = 53～60\%$、$m_2 = 82～85\%$、$m_3 = 85～86\%$、與
$m_4 = 86～87\%$。

因 $m = 38/100=38\%$，而

$m_1 = 53 > 38\%$；

$m_1 \times m_2 = 53\% \times 82\% = 43 > 38\%$；

$m_1 \times m_2 \times m_3 = 43\% \times 85\% = 37 < 38\%$。

故本案例需要引伸三次始可完成引伸加工。

3. 模具間隙：沖頭與模穴間的間隙，稱之為模具間隙。一般而言，引伸加
工的模具間隙須大於板厚，以減少板料與沖模間的摩擦。

4. 沖頭與下模穴隅角半徑（R_d）：若沖頭與下模穴隅角半徑太大，常會發
生皺紋的現象；但隅角半徑太小，則會使製品破裂。下模穴隅角半徑可由經驗公
式計算之，即 $R_d = 0.8 \times \sqrt{(D - d)t}$，其中 D、d 與 t 分別表示胚料直徑、沖頭直
徑、與板料厚度。

5. 壓皺力：在引伸加工中，防止製品產生皺紋的最小壓料力，即為壓皺力
（blank holder force）。一般使用胚料周邊法計算壓皺力的公式為

$$F_B = \frac{\sigma_b + \sigma_y}{180} \times D(\frac{D - d - 2R_d}{t} - 8) \; ,$$

其中 σ_b 和 σ_y 分別表示板料的極限拉伸強度和降伏強度；R_d 為下模穴的隅角半徑；D、d 與 t 分別表示胚料直徑、沖頭直徑與板料厚度。

6. 摩擦與潤滑：潤滑在引伸加工過程的主要作用是減小板料與模具間的摩擦，降低變形阻力，有助於降低引伸率及引伸力，防止模具工作表面過快磨損及產生擦痕。因此，一般是將潤滑劑塗在與凹模接觸的板料表面，而不可將其塗在與沖頭接觸的表面上，以防止材料沿沖頭滑動而使板料產生薄化的現象。

7. 沖頭速度：引伸加工的速度應該依據材質、形狀等因素決定適當的數值。

表 6-7　引伸加工的基本方法

名稱	示意圖	說明
引伸成形		將平板料加工成任意形狀的空心零件，或將其形狀及尺寸作進一步的改變，但沒有發生厚度的改變。
伸展成形		將平板料拉伸，並將其覆蓋在模具上，加工成曲面形的空心件。
引縮加工		以空心胚料，加工使其厚度變小，且高度增加，以得到空心零件。

表 6-7 列出引伸加工的基本方法，即引伸成形、伸展成形、與引縮加工等。此外，反向引伸加工（reverse drawing）亦常用於大、中型零件的再引伸加工和雙壁的引伸成形。所謂反向引伸加工是將圓筒內側翻轉到外側所進行的一種引伸

143

加工方法，以減縮產品的直徑，並增加其高度，如圖 6-7 所示。一般而言，再引伸加工可分為正向再引伸與反向再引伸兩種，如圖 6-8 所示。

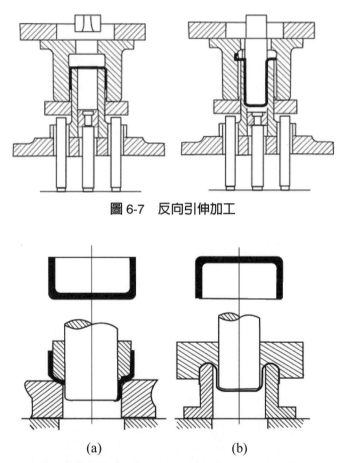

圖 6-7　反向引伸加工

(a)　　　　　　　　　　(b)

圖 6-8　再引伸加工：(a) 正向再引伸；(b) 反向再引伸

將沖頭與下模穴間隙作成與板厚相同或稍小，使引伸加工後的圓筒壁厚度變薄，同時圓筒高度增加的方法，稱之為引縮加工（ironing），圖 6-9 表示在引縮加工時，工件上受到的應力與應變狀態。引縮加工與普通引伸加工比較，具有下述之特點：

1. 因材料是受到均勻壓應力作用而產生的變形，期間發生很大的冷作硬化

作用，金屬晶粒變細，強度因而提高。

2. 經塑性變形後，新的表面粗糙度變小，R_0 可達 $0.2\mu m$ 以下。

3. 因加工過程摩擦嚴重，故對潤滑及模具材料的要求較高。

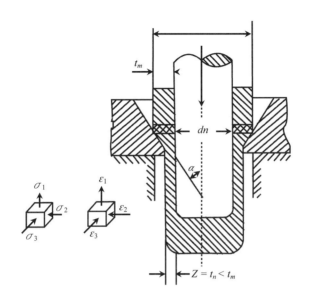

圖 6-9　引縮加工材料受到的應力與應變狀態

6.6　特殊引伸加工

6.6.1　液壓之利用

　　一般引伸加工之模具均使用剛體之沖頭與模具，當製品形狀需要做些微變化時，必須配合其形狀而改變沖頭與模具之設計。若工具的一側仍使用剛體製作，而另一側改用橡膠或液壓作為成形的工具。若製品形狀有需要變化時，僅需改變模具即可，不必兩側的工具都需要更動，因此可減少模具之製作時間與製作費用。

　　一般使用液壓進行引伸加工時，使用剛體之沖頭工具，而另一側則使用液壓取代模具，即為對向液壓引伸加工法，常見的對向液壓引伸加工法為：(1) 油液擠壓成形法和 (2) 壓力潤滑引伸加工法。

對向液壓引伸加工法之主要優點為：(1) 模具製作可簡單化；(2) 由於胚料板一面被沖頭緊壓，一面進行引伸加工之故，成形後之側壁部與沖頭之間會產生摩擦，而摩擦力可緩和已成形側壁的抗張力；(3) 當使用壓力潤滑引伸加工法時，由於高壓之液體自胚料板與模具表面流出時，亦可作為減輕凸緣部之摩擦阻力之效果。由上述優點得知，對向液壓引伸加工法相較於一般之引伸加工法，其可提高引伸比 1.2 ～ 1.3 倍之引伸加工界限，同時利用此方法可生產配合沖頭形狀之內面精度優良之製品。

6.6.2 熱之利用

為防止引伸加工之破斷，進而提供加工界限時，應設法減少凸緣部之引伸阻力，並提高製品成形側壁及沖頭肩部附近之破斷耐力。為達此目的，其對策為可利用加熱法，將胚料板進行局部加熱，使其機械性質產生變化，以提高其斷破界限。

另外，亦可僅在經加工硬化之胚料板周圍部分進行退火軟化，即在常溫施以引伸加工之周圍退火法，一面加熱凸緣部，另一面冷卻沖頭之加熱冷卻法；或積極冷卻沖頭，利用與凸緣部之溫度差之沖頭冷卻法，將沖頭肩部附近之材料施予淬火，以提高破斷耐力之局部淬火法。

6.6.3 利用橡膠或液體之成形法

以橡膠取代沖頭工具，使用格林橡膠成形加工法（Guerin process）進行材料之引伸加工，已廣泛應用於成形加工法。圖 6-11 表示格林橡膠加工法之配置，因為此方法使用的模具配置，不易防止在成形過程中皺紋的產生，故此配置法無法施以引伸加工。使用在格林成形加工法中之橡膠襯墊是使用數片之薄橡膠（25 ～ 50mm），以黏接的方式製造而成，其厚度為 80 ～ 300mm，須由成形之製品決定之。至於引伸的深度，一般約為橡膠厚度的 1/4 左右。

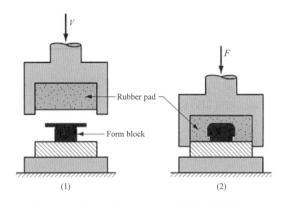

圖 6-10　格林（Guerin）橡膠成形加工法

　　至於製品表面外觀較為重視的製品，橡膠墊亦可應用類似壓彎加工法之引伸加工。若板料的表面經研磨（拋光）、陽極處理、塗裝、塑膠膜塗裝被覆等處理，使用此種橡膠工具進行成形加工，則可減少材料表面產生瑕疵之顧慮。一般而言，在引伸加工機具使用之橡膠硬度為 Hs45 ～ 60；而在剪斷加工時，其硬度稍微高一點，約為 Hs60 ～ 85。

　　圖 6-11 為一種改良自 Guerin 成形加工法，將板材的凸緣部，其中一面以液壓作用在壓皺板予以加壓，另一面進行成形加工，此種加工方法稱為 Marform 法。因此，使用之沖床必須為複動式沖床。

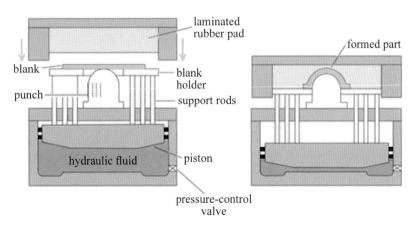

圖 6-11　Marform 成形加工法

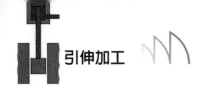

其他尚有一些類似之加工方法，例如在橡膠膜形成的密閉壓力室內，注滿極為高壓的液體，作為沖模使用，稱為液壓成形法（hydroforming）。

6.7　引伸加工製品的缺陷

引伸加工是一種複雜的沖壓加工法，圖 6-12 為較常見的引伸製品缺陷，例如凸線皺紋、筒壁皺紋、破裂、凸耳、表面刮痕等。而這些引伸加工的製品缺陷及其可能的成因與解決方案，詳述於表 6-8 所示。

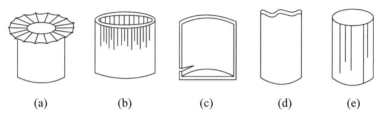

(a)	(b)	(c)	(d)	(e)

圖 6-12　常見的引伸加工製品缺陷：(a) 凸緣皺紋、(b) 筒壁皺紋、(c) 破裂、(d) 凸耳、(e) 表面刮痕圖示

表 6-8　引伸加工的製品缺陷分析

缺陷	原因	解決方案
破裂或脫底	1. 材料太薄 2. 材料硬度、金相組織或品質不符合要求 3. 材料表面不清潔、帶鐵屑等微粒或已受傷 4. 凹模或壓料板工作表面不光滑 5. 凹模或沖頭隅角半徑過小 6. 間隙太小 7. 間隙不均 8. 壓料力過大 9. 單道次引伸率過大 10. 潤滑不足或不合適 11. 上一道次引伸件太短或本道次引伸太長，以致上一道次的凸緣再次被拉入凹模	1. 選用合適厚度的材料 2. 使用熱處理（退火）或更換材料 3. 保持材料表面完好清潔 4. 磨光工作表面 5. 加大隅角半徑 6. 放大間隙 7. 調整間隙使其均勻 8. 調整壓料力 9. 增加引伸道次數，放大引伸率 10. 用合適的潤滑劑充分潤滑 11. 合理調整上下道次引伸加工之參數和模具結構

缺陷	原因	解決方案
皺紋	1. 凸緣皺紋,主要原因為壓料力過小 2. 上筒緣皺紋(無凸緣)是因凹模圓角及間隙過大 3. 上筒緣或凸緣單面皺紋,為壓料力受力不均。造成原因為壓料板和凹模不平行或胚料毛邊及胚料表面有微粒雜物 4. 錐形件或半球形件等腰部皺紋,此為壓料力過小,導致引伸開始時大部分材料處於懸空狀態	1. 增加壓料力使皺紋消失 2. 減少凹模圓角與間隙,亦可採用弧形壓料板,壓住凹模圓角處材料 3. 調整壓料板和凹模的平行度、去除胚料毛邊、清除胚料表面雜物 4. 加大壓料力,採用壓料突刺或更改製程,以液壓引伸替代
無凸緣引伸件高度不均或凸緣引伸件凸緣寬度不均	1. 胚料放置錯誤 2. 模具間隙不均 3. 凹模圓角不均 4. 胚料厚薄不均 5. 壓料力單面作用	1. 調整定位 2. 調整間隙 3. 修正圓角 4. 更換材料 5. 使壓料力雙面作用
引伸工件底部附近嚴重變薄或局部變薄	1. 材料品質不佳 2. 材料厚度過厚 3. 沖頭圓角與側面未接好 4. 間隙太小 5. 凹模圓角過小 6. 引伸係數不足 7. 潤滑不當	1. 更換材料 2. 改用符合規格的厚度 3. 修磨沖頭 4. 放大間隙 5. 放大圓角 6. 調整個道次引伸率或增加引伸道次 7. 用合適的潤滑劑充分潤滑
引伸工件上筒緣口材料擁擠	1. 材料過厚或間隙過小,工件側壁拉薄,使過多材料擠至上筒緣口 2. 再引伸沖頭圓角大於工件底部圓角,使材料沿側面上升 3. 工件太長或再引伸沖頭太短,以致胚料側壁未全部拉入凹模	1. 改用厚度合適的材料或加大模具間隙 2. 減少沖頭圓角 3. 合理調整上下道次引伸加工的參數和模具結構
引伸工件表面起毛頭	1. 凹模工作表面不光滑 2. 胚料表面不清潔 3. 模具硬度低,有金屬黏附現象 4. 潤滑劑有雜物混入	1. 磨光工作表面 2. 清潔胚料 3. 提高模具硬度或變更模具材料 4. 使用乾淨的潤滑劑

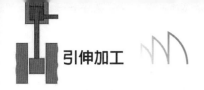
引伸加工

缺陷	原因	解決方案
引伸工件外形不平整	1. 原材料不平整 2. 材料回彈 3. 間隙過大 4. 引伸變形程度過大 5. 沖頭無出氣孔	1. 改用平整的材料 2. 預先加入回彈量考慮 3. 減少模具間隙 4. 調整相關道次變形量 5. 增加氣孔

習題

1. 試說明圓筒件引伸加工時不同區域的應力與應變狀態爲何？

2. 何謂引伸加工能量，並說明如何評估之。

3. 試問引伸加工的主要變數有那些？並說明每一種變數之影響爲何？

4. 何謂再引伸加工？試問再引伸加工可分爲那幾種？並說明其特點。

5. 試問使用液壓作爲引伸加工成型的工具有那些特點，並舉例說明之。

6. 試述常見的引伸加工製品缺陷有那些？

7. 試問引伸工件出現破裂或脫底的可能原因爲何？並說明其解決方案。

8. 試問引伸工件出現皺紋的可能原因爲何？並說明其解決方案。

9. 試問引伸工件底部附近嚴重變薄或局部變薄的可能原因爲何？並說明其解決方案。

10. 試問引伸工件表面起毛頭的可能原因爲何？並說明其解決方案。

11. 試問引伸工件外形不平整的可能原因爲何？並說明其解決方案。

7

其他塑性加工技術

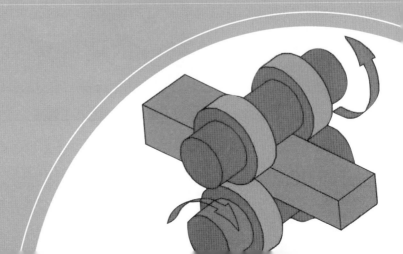

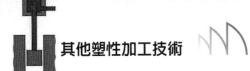

　　除前幾章節所敘述之塑性加工法之外，亦有許多加工工法也可應用至塑性加工，包括剪斷、擠壓、圓緣、折緣、接縫、頸縮、捲邊等，圖 7-1 表示塑性加工成形之製品，這些加工法將在本章節逐一作簡略的介紹。

圖 7-1　塑性加工製品

7.1 剪斷加工

剪斷加工（Cutting）是一種材料分開的程序，此一程序能在不產生切屑情況下，將材料切斷或切成數小片段。金屬的剪斷加工可以使用手動、機械式、液壓或氣壓式來驅動。

7.1.1 剪斷加工原理

當兩方向相反之力量作用於同一工件上時，即產生剪切的作用。此一力量可能來自沖頭及模具或者是兩片相向的刀刃，剪斷則發生於剪切平面上，如圖 7-2 所示。

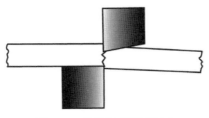

圖 7-2　剪斷加工示意圖

7.1.2 剪斷加工之分類

金屬的剪斷加工，依照剪斷方式不同，可分為垂直式剪斷、傾斜式剪斷和移動式剪斷三種，分別敘述如下。

垂直式剪斷：使用剪斷機（guillotine shears）以垂直方式裝設刀片，其中下刀片予以固定，而上刀片則裝置於可動臂上。將工件置於兩刀片之間，當上刀片接觸工件後，工件逐漸被上、下兩刀片壓擠，而產生塑性變形，剪力持續切入金屬工件，直到工件切斷。

傾斜式剪斷：剪斷機上的刀片可以是特殊形狀，以配合工件素材之截斷面。在剪斷薄板及平板材料時，經常將上刀片裝置成與下刀片成一傾斜角度，使其能漸進地剪切整個工件，如此僅需以較少的動力即可剪斷工件，這種剪斷機可

剪斷厚（38mm）和寬（9mm）之金屬板。

移動式剪斷：係使用特殊的移動式剪斷機加工，通常裝設在可動的機台上，應用於連續生產線上剪切板金捲材。此種剪斷機在剪斷加工中，捲材經常是以同步的速度作規律性的動作，在剪斷捲材之後，剪斷機將自動地回歸準備位置，如此重複這個過程。

剪斷加工除了可依剪斷形式不同分類，亦可依剪出的成品形狀及用法不同分為下列幾種，如圖 7-3 所示。

1. 沖胚料（blanking）：在一板件材料上剪切掉不同形狀及尺寸的孔之工件，此種加工程序稱之為沖胚料。

2. 沖孔（punching）：在一工件上剪切出不同形狀及尺寸的孔，此種加工程序稱之為沖孔。

3. 剪斷（cutting off）：金屬的剪切是沿著一條線漸進地擴展至板件材料的整個寬度，如此便可生產工件胚料。

4. 多孔沖剪（perforating）：是一種在板件材料上產生很多孔的加工方法。

5. 沖切口（notching）：從工件之邊緣剪切以去除廢料，稱之為沖切口。

6. 切割（lancing）：在工件上產生一個未完全剪切開形狀之加工。例如電氣箱或配電盤上都有一些小的可頂出片。

7. 分割（slitting）：沿著捲材或薄板胚料之長度方向，通過兩個圓盤之間進行剪切者，稱之為分割加工。

8. 分斷（nibbling）：是一種用以產生不規則胚料之加工方法，最適合使用在少數且形狀不規則的工件加工。

9. 修整（trimming）：這種加工方法是一種在已成形的工件上，去除多餘金屬的加工程序。

10. 刨削（shaving）：是一種改善沖胚料或沖孔之剪斷面品質的方法，可讓剪切過的剪斷面平直且完整，而得到精確的零件尺寸。

11. 分離（parting）：是一種切除介於兩胚料之間的一片廢料，而得到胚料的加工方法。

12. 立削（slotting）：在大多數的剪切加工中，沖孔是在形成完成品之前的平板狀工件上加工，若繼續伸長孔之沖孔加工，則稱之為立削。

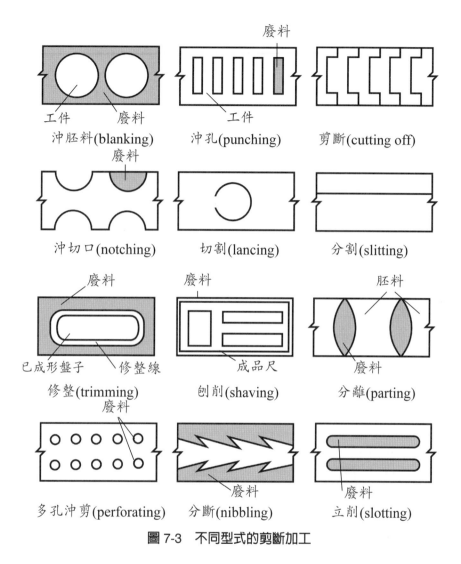

圖 7-3　不同型式的剪斷加工

7.2　擠製成形加工

　　擠製成形加工（extrusion）是將擠錠（billet）放置於盛錠筒（container）中，然後對擠錠施以壓力，迫使材料從模具口流出，做向前或向後塑性流動，使工件斷面形狀與模口斷面相同之成形方法，如圖 7-4 所示。

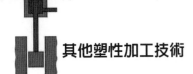

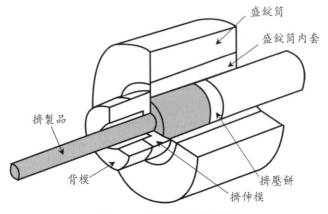

圖 7-4 擠製加工示意圖

7.2.1 擠製加工製程與分類

擠製成形加工係將材料置於盛錠筒內，以衝柱擠壓材料使其產生塑性變形，而沿模具之模孔擠出，使其成為實心或空心之長條狀，且斷面均一的成品，如圖 7-5 所示。擠製加工過程中，影響擠製加工的重要參數指標之一為材料之截面積與成品之截面積之比值，稱為擠製比。

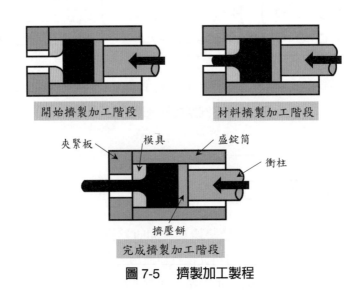

圖 7-5 擠製加工製程

擠製加工依成品與衝柱前進的相對方向或加工形式的狀態，可分爲直接擠製加工、反向擠製加工、覆層擠製加工與衝擊擠製加工等方法，分別說明如下：

1. 直接擠製加工法：將加熱後之可塑性胚料，置於模具內，利用高壓力的衝柱，迫使胚料從衝柱對面之模孔內擠出，如圖 7-6 所示。

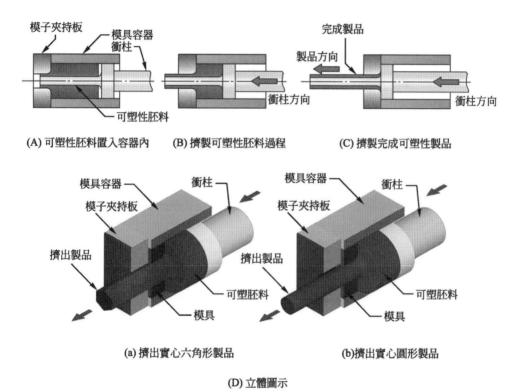

(A) 可塑性胚料置入容器內　(B) 擠製可塑性胚料過程　(C) 擠製完成可塑性製品

(a)擠出實心六角形製品　　(b)擠出實心圓形製品

(D) 立體圖示

圖 7-6　直接擠製加工方法

2. 反向擠製加工法：擠製加工之孔模置於衝柱內前端，將加熱後之可塑性胚料置於模具內，以高壓力的衝柱往前施壓時，胚料由模孔經衝柱的空心處往後擠出，如圖 7-7 所示。

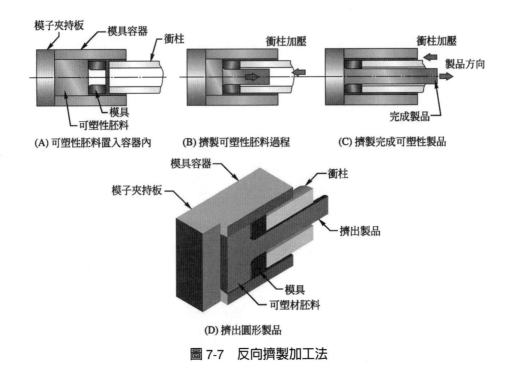

(A) 可塑性胚料置入容器內　　(B) 擠製可塑性胚料過程　　(C) 擠製完成可塑性製品

(D) 擠出圓形製品

圖 7-7　反向擠製加工法

3. 覆層擠製加工法：將低熔點的金屬溶液置於上部之缸內，經由液壓之活塞迫使液體流入模孔，披覆在裸金屬線上形成複層金屬線，如圖 7-8 所示。

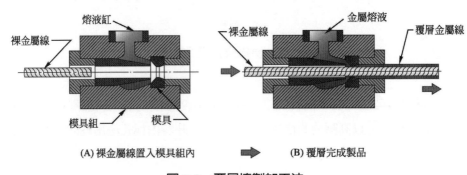

(A) 裸金屬線置入模具組內　　　　(B) 覆層完成製品

圖 7-8　覆層擠製加工法

4. 衝擊擠製加工法：將材料置於模具內，以衝桿快速下降衝擊材料，使材料自模具與衝桿間的間隙擠出而成形。主要用以擠製中空的產品，其中空斷面的管件厚度由模具與衝桿間的間隙控制，如圖 7-9 所示。

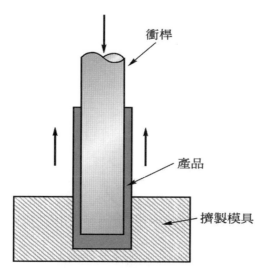

圖 7-9　衝擊擠製加工法

7.3　捲邊加工

捲邊加工係將胚料導入沖頭內之圓緣捲曲模穴，使胚料緊密貼合於模穴內緣，使之捲曲成形，如圖 7-10 所示。傳統的圓緣捲曲成形是鈑金成形（sheet metal forming）中被廣為應用的技術之一。

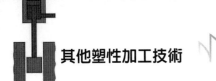

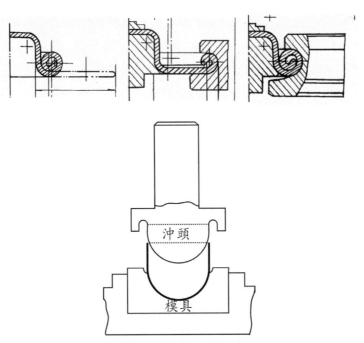

圖 7-10　捲邊加工示意圖

在精密且多變的高品質工件要求下，必須注意的捲邊加工製程參數很多，例如捲曲成形性、回彈的問題及摩擦的問題等。

金屬材料都有一定的彈性模數，當變形負載去除時，塑性變形會有些許的回復（recovery），此回復的現象稱之為回彈（springback），如圖 7-11 所示。在彎曲金屬板材或線材的加工作業時，均會有此現象的發生。為克服此現象，在彎曲成形時通常會對彎曲零件做過量彎曲（over bending）做為補償的手段，此可透過適當的模具設計使回彈量盡量減少；亦可對彎曲零件施以抽拉彎曲（stretch bending），亦有補償回彈的效果，乃因回彈量隨著降伏強度的下降而減少。

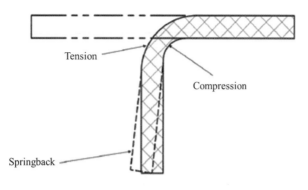

圖 7-11　彎曲零件的回彈

7.4　摺緣加工

　　摺緣加工（flanging）係將板材之邊緣，折彎形成凸緣之一種加工方法。摺緣加工主要有兩種目的，其一為補強製品之緣邊，另一是為了形成凸緣。在摺緣加工時，若板材須折彎之邊線為直線時，則為普通之彎曲加工；若邊緣為曲線時，其凸緣部，將會因彎曲之形狀不同，會受到沿折彎線方線之拉伸或壓縮，稱為伸展凸緣（tension flange）或壓縮凸緣（compression flange），如圖 7-12 所示。

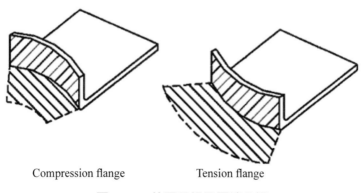

Compression flange　　　　　　Tension flange

圖 7-12　伸展凸緣及壓縮凸緣

因此，在執行摺緣加工時，須盡量使其保有較大的半徑。在進行壓縮凸緣時，易產生皺紋；而在進行伸展凸緣時，則容易產生龜裂的情形。為避免產生皺紋或龜裂的缺陷，可在凸緣處預加一切口，以防止龜裂的發生；或預留收縮的限制，以防止皺紋的產生。

現今之凸緣加工技術，已不僅限於外緣的凸緣加工，亦可於工件之內緣實行凸緣加工，如圖 7-13 所示。圖 7-14 表示施予凸緣加工後之製品。

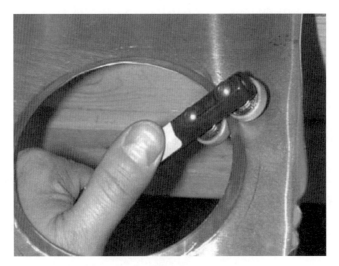

圖 7-13　工件內緣之凸緣加工

圖 7-14　凸緣加工之製品

7.5 接縫加工

接縫加工係將板材之邊端相互接合彎入或捲入，以機械方式壓扁結合而成，圖 7-15 表接縫加工之接合工序。先以彎曲壓床將欲接合之板材接合端折彎，再使用沖頭及沖模將兩板材壓扁結合，如圖 7-16 所示。

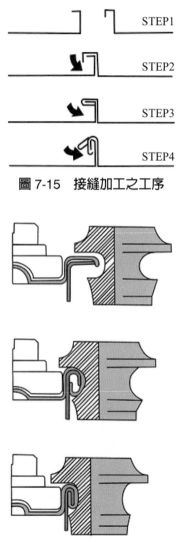

圖 7-15　接縫加工之工序

圖 7-16　兩板材利用壓扁接合之示意圖

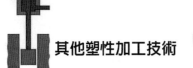

7.6 頸縮加工

　　頸縮加工為將圓筒容器以軋輥或利用沖頭將工件壓入模具，使其頸部直徑縮小之加工手法。利用軋輥的方式為在一組輥輪間，將容器夾住，並加壓旋轉，將直徑逐漸縮小。而使用沖頭和模具之方法，將容器之加工端壓入直徑較小之模具，將直徑縮小，如圖 7-17 所示。通常須經過多道次加工，才能將其縮小到需要的尺寸。圖 7-18 表示經頸縮成形加工後之製品。

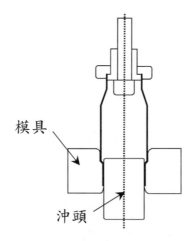

模具

沖頭

圖 7-17　使用模具和沖頭進行頸縮加工

圖 7-18　頸縮加工之製品

習題

1. 試說明剪斷加工之原理。

2. 試說明沖孔與沖胚料之差異。

3. 試說明刨削和修整之差異。

4. 試說明垂直式剪斷和傾斜式剪斷之差異。

5. 試說明直接擠製加工法和反向擠製加工法之差異。

6. 試說明衝擊擠製加工法的工作原理。

7. 試說明回彈量對捲邊加工之影響。

8. 試說明伸展凸緣（tension flange）和壓縮凸緣（compression flange）之可能缺陷為何？如何克服。

9. 試說明接縫加工的工作程序。

10. 試列出頸縮加工的方法有那幾種，並說明其工作原理。

8

工具與潤滑

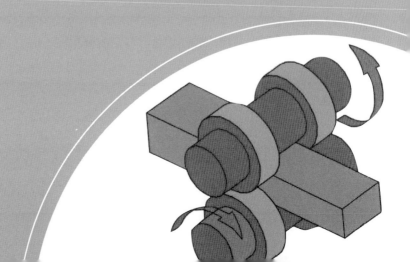

金屬塑性加工係在工具與工件相互接觸的情況下進行，必然在兩者之間發生阻止金屬流動的摩擦。這種發生在工件和工具接觸面之間阻礙金屬流動的摩擦，稱之爲外摩擦。由於摩擦的作用，工具勢必產生磨損，工件可能被擦傷。金屬變形時，工件和工具接觸面之摩擦力將造成金屬變形不均勻；嚴重時，甚至造成工件出現裂紋，且須定期更換工具。因此，在塑性加工製程中，工件和工具接觸面須予以適當地潤滑。

潤滑技術的發展有助於金屬塑性加工技術的進步。隨著塑性加工新技術、新材料、和新工藝的發展，工程師必須面臨新的潤滑問題，持續研擬新的解決方案。

8.1 加工工具

8.1.1 良好工具應具備要件

在塑性加工中，工具與工件材料接觸，藉著外部施加能量使材料產生塑性變形，以達到工件所需的形狀。因此，工具必須具備以下各種特徵。

1. 剛性佳、韌性好，且具有加工不易產生變形之特性。

2. 加工性佳，複雜形狀之工具亦可製作。

3. 耐熱性良好，可在高溫加工作業。在冷加工時，當溫度上升，亦可保持良好的機械性質。

4. 具有優良耐磨耗性、耐疲勞強度，使用於大量生產時，不會影響尺寸精度及表面粗糙度。

欲完全滿足上述條件之工具材料不易取得，必須設法尋找適合工作條件之材料。表 8-1 列出各種代表性工具材料之主要用途。

表 8-1　主要塑性加工用的工具材料

分類	名稱	材料名稱	主要用途
工具鋼	碳工具鋼 合金工具鋼 高速鋼	SK1~7(C0.6~1.5%) SKS SKD1, 2, 11, 12 SKD4, 5, 6, 11 SKT1~6 SKH9, 51	剪斷模、引伸加工彎曲模 耐衝擊工具 耐磨耗工具、剪斷、擠壓等 } 熱加工、鍛造、擠壓等 耐衝擊、磨耗工具、輥製等
鍛造 鍛造金屬	非鐵 鑄鐵 鑄鋼 鍛鋼	鋁青銅 鑄鐵、冷硬鑄鐵 鑄鋼、合金鑄鋼 中碳鋼	沖壓模 熱壓軋輥 } 冷、熱壓軋輥
非金屬	超硬合金 陶瓷	WC Al_2O_3、ZrO_2 等	剪斷模、抽拉工具 抽拉工具

　　廣泛使用在塑性加工的材料為工具鋼（tool steel）、高碳工具鋼、合金工具鋼、高速鋼等，這些工具材料全部都需經過淬火和回火處理，以提高其材料的硬度、強度、及韌性。其中碳工具鋼是含碳 0.6~1.5％之鋼材，雖然該材料較為廉價，但其淬火性和耐磨耗性較差，所以此種材料非常適合小型的工具或少量生產用的工具。

　　為克服碳工具鋼之缺點，在鋼材中添加 Cr、Mn、W、V 等合金元素，生成硬質碳化物，以提高其耐磨耗性，此類鋼材即為合金工具鋼（alloy tool steel）。

　　圖 8-1 表示經淬火和回火後的合金工具鋼（SKD11）之金相組織，其中之大小白粒為碳化物，硬度達 Hv2100，比基地的麻田散鐵的硬度（Hv820）高出許多，這些碳化物是導致耐磨耗性提升之重要原因。

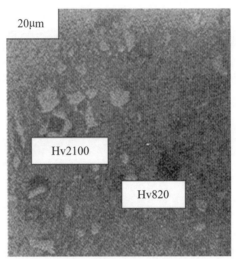

20μm

Hv2100

Hv820

圖 8-1　合金工具鋼（SKD11）經淬火和回火後之組織

8.1.2　工具熱處理

　　工具的製造程序依材料與加工方式不同而有相當大的差異，圖 8-2 表示工具鋼的製作過程。為增加材料的加工性，工具鋼經退火後，以機械加工方式完成工具的初步形狀，再藉著淬火和回火處理，得到工具所要求的特性。一般而言，工具係以硬度做為熱處理結果之指標，材料硬度越高，代表耐磨耗性越佳，但衝擊值隨之下降，且其韌性亦呈現下降之趨勢。因此，若沖胚工具需要較高耐磨耗性者，則需增加硬度，例如鍛造工具；反之，工具須承受衝擊荷重工作時，則須施以硬度稍微降低之熱處理。

| 素材之退火 | → | 機械加工 | → | 熱處理 | → | 研　削研　磨 |

圖 8-2　工具鋼之一般製造過程

　　工具經淬火和回火處理後，再施以研削、研磨加工等，提升工具的尺寸精度與調整其表面粗糙度，以獲得工具之最後形狀。在塑性加工中，例如輥軋作業，

工具表面之粗細程度會轉印在成形工件表面，因此在工件完成時須特別注意。除傳統機械加工外，近年來，隨著許多非傳統加工技術之發展，如雷射加工、放電加工技術，也普遍應用在工具之成形。

8.2　塑性加工的摩擦

8.2.1　塑性加工的摩擦特點

相較於機械傳動中的摩擦，在塑性加工成形中的摩擦具有下列之特點，分別說明如下。

1. 高壓作用下的摩擦。在塑性加工變形過程中，接觸表面上的單位壓力很大，一般熱作加工時的表面壓力為 100~150MPa；而冷作加工時的表面壓力時更可高達 500~2500MPa。雖然如此，在塑性加工成形機器的軸承，其接觸面壓通常只有 20~50MPa，此種高的表面壓力，使潤滑劑難以帶入或易從變形區擠出，使潤滑困難或需要特殊之潤滑方法。

2. 較高溫度下的摩擦。在塑性加工變形過程中，工具與工件界面間的溫度條件惡劣。對於熱作加工而言，界面間的溫度為數百度至一千多度之間；至於冷作加工，由於變形熱效應、表面摩擦熱，溫度亦達到頗高的程度。高溫下的金屬材料，除了內部組織和性能變化外，金屬表面也會發生氧化，給摩擦潤滑帶來很大影響。

3. 伴隨塑性變形而產生的摩擦。在塑性加工變形過程中，工件係在高壓的環境下變形，會不斷增加新的接觸表面，使工具與金屬之間的接觸條件不斷改變。同時接觸面上各點的塑性流動情況不同，有的地方發生滑動，有的則黏著，有的流動快，有的卻相對較慢，因而在接觸面上各點的摩擦也不一樣。

4. 摩擦（工件與工具）的性質相差大。一般工具材料的硬度較高，且在加工過程不希望產生塑性變形；而工件材料不但比工具材料的硬度低，且希望有較大的塑性變形。因為工件與工具二者的性質與作用差異相當大，使得在工件變形時存在著特殊的摩擦狀況。

8.2.2　外摩擦在塑性加工的作用

在塑性加工變形過程中的外摩擦，大多數是屬於有害的情況，但有些情況卻有利於工件的變形。針對外摩擦不利的情形說明如下。

1. 工件的應力狀態改變，導致變形所需的力量和能量增加。以平錘鍛造圓柱體試樣爲例，如圖 8-3 所示，當工件與工具間無摩擦時，工件受到單軸向的壓應力狀態，即主應力 σ_3；若存在摩擦時，則呈現三軸向的應力狀態，即由摩擦力所引起的主應力 σ_1、σ_2、和 σ_3。若工件與工具接觸面之間的摩擦力越大，則應力越大，即靜水壓力愈大，所需變形力也隨之增大，從而消耗的變形功增加。一般而言，摩擦的加大，可能導致負荷增加 30%。

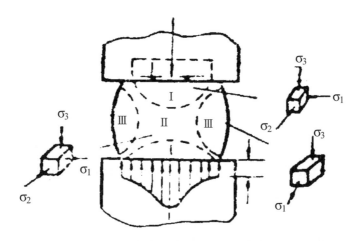

圖 8-3　塑性加工時之摩擦力對應力及變形分佈的影響

2. 引起工件的變形與應力分佈不均勻。在塑性加工變形過程中，因工件與工具間接觸摩擦的作用，使金屬質點的流動受到阻礙，此種阻力在接觸面的中心部分特別強，邊緣部分的作用較弱，使得工件的變形不均勻。例如胚料爲圓柱體時，接觸面中央處受到摩擦的影響較大，而在接觸面外圍處之影響則較小，導致工件成鼓狀的變形。此外，外摩擦也使得接觸面上的單位壓力分佈不均勻，壓力由邊緣往中心逐漸升高。變形和應力的不均勻，直接影響工件的性能，且降低生產的成品率。

3. 惡化的工件表面粗糙度，將加速工具表面之磨損，降低工具壽命。在塑性加工過程中，工件與工具間的接觸面相對滑動，將加速工具之磨損；因摩擦熱更增加工具的磨損；同時不均勻的變形與應力分布也會加速工具的磨損。此外，工件在工具上的黏結現象，不僅縮短了工具的壽命，增加生產成本，同時也降低工件的表面粗糙度與尺寸精度。

8.3 摩擦與潤滑

在塑性加工製程中，欲生產大量相同之產品，工具與工件間接觸狀況的安定性是不可或缺的。若工具產生損耗或磨耗，工件的尺寸精度或表面狀況將會粗糙或劣化。

當摩擦狀況不良時，不但會產生工具劣化，同時也會增加加工所需之應力，甚至導致工具無法再加工之狀態。例如鋼材之擠壓加工，必須有適當的潤滑，才能穩定實施加工。有關塑性加工之潤滑要點，簡單說明如下。

8.3.1 金屬之表面與接觸

在塑性加工變形過程中，工件表面與工具間的面接觸，因摩擦而衍生的塑性變形。從微觀的角度進行觀察，可發現有二個因素會影響工件的變形，其一是工具和工件的表面結構。巨觀上，雖然工件表面很乾淨，但實際上是由汙染層所被覆，如圖 8-4 所示，此為一層吸著空氣之油污膜，有數百 Å 之厚度，具有一種潤滑膜之作用，對摩擦有很大的影響。

另一因素是接觸面積的大小。巨觀上，工具與工件間之面接觸看似全面接觸，實際上僅有極微小之部分相接觸而已，如圖 8-5 所示。一般而言，真實接觸面積與虛表接觸面積之比率為數百分之一至萬分之一。雖然在低荷重下，工件與工具之局部位置亦會受到非常大的壓力，使得圖 8-5 中之凸出接觸部分會隨荷重之增加，由彈性變形狀態轉移塑性變形狀態。而此現象亦與潤滑油膜之破壞及摩擦之發生均有密切的關係。

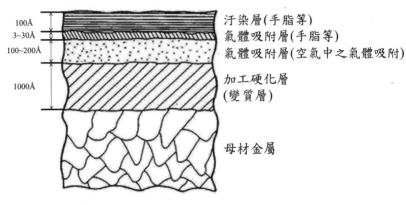

圖 8-4　工具與工件表面之型態

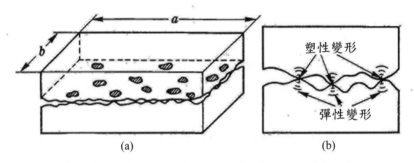

(a)　　　　　　　　　　(b)

圖 8-5　在凹凸表面間：(a) 接觸模式；(b) 與變形模式

8.3.2　黏著與燒蝕

　　因工件表面與工具表面間的相互作用，而發生黏著現象，此種黏著力是金屬結合、離子結合與共有結合之化學結合力。在工件或工具的表面汙染層，會妨礙界面間的反應，導致黏著不易。當工件發生塑性變形時，無汙染層之工件內部金屬會暴露新生的表面，而此新生面之真實接觸極易與工具表面產生化學結合，因其結合之黏接相當強固，稱之為黏著。在此情況下之摩擦力，相當於欲使黏著部分剪斷所需之力。

　　在塑性加工過程中，工件黏著在工具是不適當的。若引伸加工工具發生黏著時，此黏著部分將使工件刮擦或反覆發生黏著，導致工件表面出現顯著劣化，此

現象稱之為燒蝕或咬模，如圖 8-6 與圖 8-7 所示。

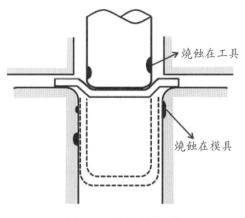

燒蝕在工具

燒蝕在模具

圖 8-6　燒蝕示意圖

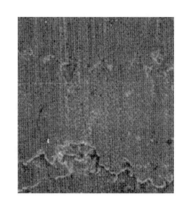

圖 8-7　工件表面出現燒蝕之傷痕

　　因黏著屬於一種化學結合，對於易形成固溶體之工件與工具組合時，愈容易發生黏著的現象。相同金屬間之摩擦稱為友伴金屬，最容易產生黏著。另外，工作溫度愈高，其間之反應愈容易進行，黏著的現象愈為顯著。

8.4 接觸表面摩擦力

在計算塑性加工的摩擦力時，可考慮下列三種情況，分別說明如下。

庫侖摩擦條件

庫侖摩擦係不考慮接觸面上的黏合現象，屬於完全滑動，即摩擦符合庫侖定律，工作條件說明如下：

1. 摩擦力與作用於摩擦表面的垂直壓力成正比例，與摩擦表面的大小無關；
2. 摩擦力與滑動速度的大小無關；
3. 靜摩擦係數大於動摩擦係數。

摩擦力與作用於摩擦表面的垂直壓力之數學式為：

$$F = \mu N$$

或

$$\tau = \mu \sigma_N$$

其中 F 與 N 分別表示摩擦力與垂直於接觸面正壓力；τ 與 σ_N 分別為接觸面上的摩擦切應力與接觸面上的正應力；μ 為外摩擦係數。由於摩擦係數為常數（由實驗確定），故又稱為常摩擦係數定律。此定律較適用於拉拔及其他潤滑效果較好的加工過程。

最大摩擦條件

當接觸表面沒有相對滑動，完全處於黏著狀態時，單位面積的摩擦力 (τ) 等於變形金屬流動時的臨界切應力 k，即

$$\tau = k$$

摩擦力不變條件

若工件與工具接觸面間的摩擦力，不隨正壓力大小而變。其單位面積摩擦力

是常數，即常摩擦力定律，即

$$\tau = m \cdot k$$

其中 m 為摩擦因子（0~1.0）。當 m = 1.0 時，表示摩擦力不變條件與最大摩擦條件是一致的。對於面壓力較高的擠製成形、變形量較大的鍛粗成形和模鍛成形及潤滑較困難的熱輥軋成形，由於金屬的剪切流動主要發生在次表面層內，故摩擦應力與相應條件下之加工工件的性能有關。在實際金屬塑性加工過程中，接觸面上的摩擦條件，除與接觸表面的狀態（粗糙度、潤滑）、材料的性質與塑性變形條件有關外，還與變形區幾何因子有密切相關。在某些條件下，同一接觸面上存在常摩擦係數區與常摩擦力區的混合摩擦條件，在計算變形所需力量和能量時，邊界條件必須慎重地選用。

8.5 摩擦係數及其影響因素

摩擦係數隨著工件與工具之材料性質、加工條件、表面狀態、單位壓力及使用之潤滑劑種類與性能等不同而異，其主要之影響因素說明如下。

1. 工件材料種類與其化學成分。
2. 工具材料及其表面狀態。
3. 接觸面上的單位壓力。
4. 工件之變形溫度。
5. 潤滑劑種類。

8.5.1 工件材料種類和化學成分

摩擦係數隨著工件材料的化學成分不同而異，由於工件表面的硬度、強度、吸附性、擴散能力、導熱性、氧化速率、氧化膜的性質及工件與工具間的相互結合力等均與工件的化學成分有關。因此，不同種類的工件，其加工時的摩擦係數隨之而異。例如，使用光潔的鋼製沖頭在常溫下對不同工件進行壓縮加工

時，測得之摩擦係數分別為：軟鋼 0.17；鋁 0.18；黃銅 0.10；電解銅 0.17。對於相同系列的工件材料，當化學成分變化時，摩擦係數隨之改變。例如鋼中的碳含量增加時，摩擦係數會減小，如圖 8-8 所示。一般而言，隨著合金元素的增加，摩擦係數呈下降的變化。

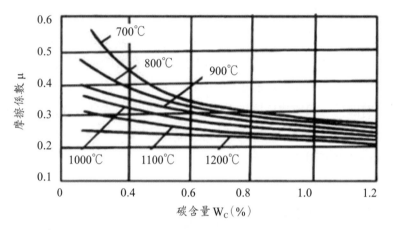

圖 8-8　鋼中碳含量對摩擦係數之影響

黏附性較強的工件材料通常具有較大的摩擦係數，例如鉛、鋁、鋅等。工件材料的硬度、強度越高，摩擦係數越小。因此，若能提高工件材料之硬度、強度，都可使摩擦係數減小。

8.5.2　工具材料及其表面狀態

使用鑄鐵材料製作工具時，其界面之摩擦係數較選用鑄鋼的摩擦係數降低 15%~20%；至於淬火鋼的摩擦係數與鑄鐵的摩擦係數相近。硬質合金製作之軋輥，其摩擦係數較合金鋼軋輥之摩擦係數降低 10%~20%；而金屬陶瓷軋輥的摩擦係數同樣比硬質合金軋輥降低 10~20%。

工具的表面狀態視工具表面的精度及機械加工方法不同，其摩擦係數可能介於 0.05~0.5 範圍。一般而言，工具表面光潔度越高，其摩擦係數越小。如果兩個接觸面的光潔度都非常高，由於分子吸附作用增強，反使摩擦係數增大。

工具表面的加工刀痕易導致摩擦係數的異向性，例如，垂直刀痕方向的摩擦係數可能較沿刀痕方向高出 20%。至於工件胚料表面的粗糙度對摩擦係數的影響，一般認爲只有在初次（第一道次）加工時，才會出現明顯的差異，隨著塑性加工變形的進行，工件表面已是工具表面的印痕，故後續的摩擦情況只與工具表面狀態相關。

8.5.3　接觸面上的單位壓力

　　當單位壓力較小時，表面分子吸附作用不甚明顯，此時之摩擦係數與正壓力的關連性較低，其摩擦係數可視爲常數。當單位壓力增加到一定數值後，界面間的潤滑劑被擠掉或表面膜被破壞，不僅增加眞實的接觸面積，且使分子間的吸附作用增強，進而使摩擦係數隨壓力增加而增加；但增加到一定程度後，則趨於穩定，如圖 8-9 所示。

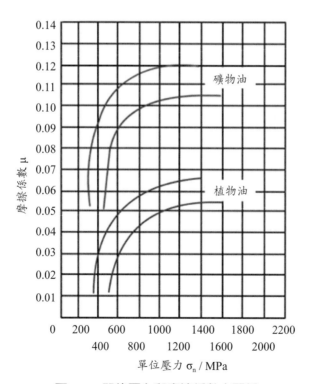

圖 8-9　單位壓力與摩擦係數之關係

8.5.4　工件的變形溫度

　　工件的變形溫度對界面摩擦係數的影響相當複雜，當工件變形溫度改變時，工件的溫度、硬度及接觸面上的氧化性能都會發生變化，可能會發生兩種不同的結果，即隨著溫度的增加，可加劇表面的氧化，而增加其摩擦係數；而另一方面，隨著溫度的提高，被加工變形的工件強度降低，單位壓力也降低，卻使得摩擦係數下降。因此，工件的變形溫度對摩擦係數變化的影響，很難一概而論。

　　此外，若工件的變形溫度升高，潤滑效果可能發生變化；溫度高達某值後，表面氧化物可能熔化而從固相變為液相，致使摩擦係數降低。根據大量實驗資料與生產實際觀察發現，在工件開始塑性變形時，界面的摩擦係數隨著工作溫度上升而增加，當摩擦係數達到最大值後，卻隨溫度升高而降低，如圖 8-10 所示。此乃因為工件溫度較低時，工件材料的硬度大，氧化膜層較薄，其摩擦係數較小。隨著工作溫度升高，工件材料的硬度下降，氧化膜層增厚，使得表面吸附力和原子擴散能力加強；同時，高溫亦使得潤滑劑的性能變壞，導致摩擦係數增大。當溫度繼續升高，由於氧化膜層軟化和脫落，反而使氧化膜層在接觸表面間起潤滑劑的作用，使得界面之摩擦係數反而減小。

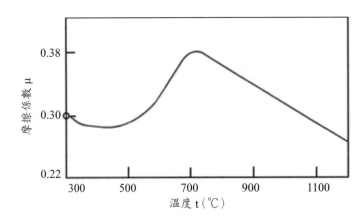

圖 8-10　溫度對鋼的摩擦係數之影響

8.5.5 潤滑劑種類

在塑性加工變形中,使用潤滑劑的功能主要是防止工件黏著與減少磨耗,及減少工具的磨損作用。使用不同的潤滑劑所獲致的效果不同。因此,正確選用潤滑劑,可顯著降低界面之摩擦係數。

8.6 潤滑劑功能

8.6.1 潤滑狀態

潤滑之主要目的是將工具與工件予以隔開,以防止金屬間之直接接觸,達到減低摩擦力、防止咬模或磨耗、減少加工所需之能量、和提高工件之品質。在塑性加工變形過程中,工具與工件間的潤滑狀態可區分為下列幾種,分別說明如下。

流體潤滑

圖 8-11(a) 表示工具與工件間完全由潤滑油隔開之狀態,除特殊的腐蝕磨耗之外,此種潤滑狀態不會發生燒蝕、磨耗等現象。界面間的摩擦力僅因油之黏性所產生,且其值相當微小,若以摩擦係數表示之,只有 0.001~0.0001 而已。在塑性加工變形過程中,因界面的壓力較高,會造成溫度之提昇,不致發生此種流體潤滑的狀態。

邊界潤滑

在工件與工具之凸部有金屬接觸時,當荷重增加,此接觸部份會產生塑性變形,導致工件與工具發生接觸。通常此部份僅有數分子程度之潤滑膜介在其中,因此稱此潤滑狀態為邊界潤滑,如圖 8-11(b) 所示。在實際之塑性加工變形過程中,一般不會形成完的流體潤滑或邊界潤滑,而是兩者混合存在之混合潤滑者較多。

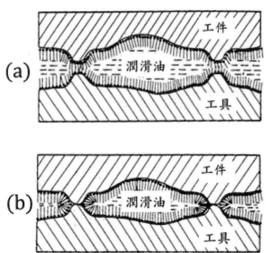

圖 8-11　潤滑之狀態：(a) 流體潤滑；(b) 邊界潤滑

極壓潤滑

　　在非常高壓作用下，或受到溫度上昇之影響，加工時之潤滑油無法發揮效果時，得使用混有磷、硫黃、氯等有機化合物之潤滑油。藉著加工時之熱量，使潤滑油與工具或工件發生反應，形成反應生成膜（亦稱之為極壓模），此生成膜具有潤滑之效果，以保持圓滑之滑動狀態，此潤滑狀態稱之為極壓潤滑。

8.6.2　潤滑劑分類

　　潤滑劑依存在的相態可分為液體、固體、半固體等三種，分別說明如下。

液體潤滑劑

　　液體潤滑劑主要有礦油系、水系、合成潤滑油等，礦油系潤滑劑之用途相當廣泛，為提高其性能須添加各種添加劑；水系潤滑劑之代表性者為浮化液，係添加可降低界面張力之界面活性劑，使礦油與水混合而成，對冷卻性具有優良的性能。

固體潤滑劑

　　使用於液體潤滑劑難於充分形成潤滑膜時，亦可使用石墨、聚酸胺等有機化合物作為潤滑劑，此種石墨、聚酸胺等有機化合物即為固體潤滑劑。

半固體潤滑劑

半固體潤滑劑即指滑脂（grease），將液體潤滑劑添加鈣等之增加劑，使形成膠質狀者。

8.7 塑性加工之摩擦與潤滑

在塑性加工變形過程中，可能面臨之摩擦與潤滑之問題，其主要之問題摘要如下。

8.7.1 工具的面壓力高

在鍛造加工或剪斷加工中，其工具的面壓力通常相當高，一般而言，作用在工具表面之壓力超過 300 kgf/mm²。因此，潤滑油膜易被切斷，同時由外部供給潤滑油較為困難。

8.7.2 加工溫度高

熱作加工的溫度必須在再結晶溫度以上，因此工具與工件所受的溫度相當高。而冷作加工的溫度雖在再結晶溫度以下，但塑性加工變形所需之塑性功，幾乎全部轉換為熱能，導致部分冷作加工亦可使工件與模具上升至數百度以上。在此高溫情況下，勢必造成潤滑油之黏度下降，且促使工件與工具間發生化學反應，產生黏著、燒蝕等不良現象。

8.7.3 加工速度高

在薄板的加工成形中，採用的加工速度為 40 m/s；而伸線加工的加工速度更高達 80 m/s。在此高速加工條件下，因為散熱能力低，致使工件與工具之溫度上升，進而導致潤滑油之黏度下降，油膜之破斷等問題。

8.7.4 潤滑油之脫落

塑性加工完成之工件，通常均需進行脫脂作業，尤其是沖壓加工的工件。若將塑性加工完成的工件直接作為最終製品，可能會有出現許多問題。一般黏度較

高，且添加各種添加劑之潤滑劑，雖然潤滑效果相當良好，但反而造成不易脫脂的現象。

8.7.5　工件形狀與磨耗、潤滑之問題

在薄板的輥軋加工中，工件不容許有任何表面傷痕。附著在軋輥表面之污物，均會造成工件表面的傷害。若潤滑油膜厚度太厚，則油膜會被閉塞，使得工件表面產生花紋。在軟質鋁合金之輥軋作業中，為防止此缺陷之發生，均使用低黏度之潤滑油。在引伸加工中，工件易產生傾向工具黏著之現象，導致工件表面出現傷痕。

8.7.6　加工條件之問題

在塑性加工的各種成形方法中，一般加工條件的選擇係依據工件要求的精度與性質、工件初始的形狀與材質等決定之，這些加工條件雖然可由經驗、實驗、或模擬取得，但仍須由磨潤學（tribology）之觀點，注意工具之損耗或工件之傷痕等問題。例如，在沖胚加工時，若將工件與工具之間的間隙設計小一點，雖可獲得良好之工件製品，但可能衍生工具出現激烈之磨耗。

習題

1. 試問一個良好的塑性成形工具應具備那些條件。
2. 試問塑性成形工具進行熱處理的目的為何？
3. 相較於機械傳動中的摩擦，試問塑性成形中的摩擦有那些特點。
4. 試問外摩擦對塑性加工有那些不利的影響。
5. 從微觀方面觀察工具與工件的表面，試問有那些因素會影響工件之變形。
6. 試分別說明工件與工具表面發生黏著與燒蝕之機制為何。
7. 在計算工件塑性加工的摩擦力時，試問應考慮那些摩擦條件。
8. 試問影響工件與工具界面摩擦係數有那些因素。
9. 試問工具與工件間的潤滑狀態有那幾種。
10. 在塑性加工變形過程中，試述可能面臨之摩擦與潤滑之問題有那些。

國家圖書館出版品預行編目資料

塑性加工導論／莊水旺著. — 初版. — 臺
北市：五南，2014.12
　　面；　　公分.
ISBN 978-957-11-7879-0（平裝）

1. 塑性加工

472.1　　　　　　　　　　103020878

5DI9

塑性加工導論
Introduction to Plastic Working

作　　者 — 莊水旺(231.7)

發 行 人 — 楊榮川

總 編 輯 — 王翠華

主　　編 — 王者香

封面設計 — 小小設計有限公司

出 版 者 — 五南圖書出版股份有限公司

地　　址：106台北市大安區和平東路二段339號4樓

電　　話：(02) 2705-5066　傳　真：(02) 2706-6100

網　　址：http://www.wunan.com.tw

電子郵件：wunan@wunan.com.tw

劃撥帳號：01068953

戶　　名：五南圖書出版股份有限公司

台中市駐區辦公室／台中市中區中山路6號

電　　話：(04) 2223-0891　傳　真：(04) 2223-3549

高雄市駐區辦公室／高雄市新興區中山一路290號

電　　話：(07) 2358-702　傳　真：(07) 2350-236

法律顧問　林勝安律師事務所　林勝安律師

出版日期　2014年12月初版一刷

定　　價　新臺幣300元